广州市领导干部和公务员科学素质读物（2024）

广州市科学技术协会
广州市博士科技创新研究会 编

羊城晚报出版社
·广州·

图书在版编目（CIP）数据

广州市领导干部和公务员科学素质读物. 2024 / 广州市科学技术协会，广州市博士科技创新研究会编. －－广州：羊城晚报出版社，2024.9. －－ ISBN 978-7-5543-1326-8

Ⅰ．G322

中国国家版本馆CIP数据核字第2024AW6903号

广州市领导干部和公务员科学素质读物（2024）

GUANGZHOU SHI LINGDAO GANBU HE GONGWUYUAN KEXUE SUZHI DUWU（2024）

责任编辑	廖文静
责任技编	张广生
装帧设计	友间文化
责任校对	杨　群
出版发行	羊城晚报出版社（广州市天河区黄埔大道中309号羊城创意产业园3-13B 邮编：510665） 发行部电话：（020）87133053
出 版 人	陶　勇
经　　销	广东新华发行集团股份有限公司
印　　刷	广州市友盛彩印有限公司
规　　格	787毫米×1092毫米　1/16　印张11　字数150千
版　　次	2024年9月第1版　2024年9月第1次印刷
书　　号	ISBN 978-7-5543-1326-8
定　　价	38.90元

版权所有　违者必究（如发现因印装质量问题而影响阅读，请与印刷厂联系调换）

广州市领导干部和公务员
科学素质读物（2024）
编委会

编委会主任：徐　柳（广州市科学技术协会党组书记、副主席）
编委会副主任：张　勇（广州市科学技术协会党组成员、副主席）
主编：彭　澎（广州市社会科学院高级研究员，博士）
　　　陈晓萍（广州市科学技术协会科普部部长）
编委：（按姓氏笔画先后排序）
　　　王　符（华南师范大学教育科学学院教授、硕士生导师，博士）
　　　王成勇（广东工业大学副校长、机械制造专业教授、博士生导师，博士）
　　　文丹枫（广东省现代移动互联网研究院院长、数据与技术驱动产业服务
　　　　　　专家，博士）
　　　邓宇斌（中山大学附属第七医院教授、研究员、博士生导师，博士）
　　　石柏军（华南理工大学汽车工程学院实验中心主任、车身研究所所长、
　　　　　　副教授，博士）
　　　皮佑国（华南理工大学自动化学院教授、控制理论和控制工程模式识别
　　　　　　与智能系统专业博士生导师，博士）
　　　安关峰（广州市政集团有限公司总工程师、教授级高级工程师，博士）
　　　杜河清（珠江水利科学研究院教授级高级工程师，博士）
　　　李征坤（广东财经大学副教授，博士）
　　　李素华（广东省建筑工程标准定额站教授级高级工程师、教授，博士）
　　　闵乐晓（广州巨慧文化创业有限公司董事长，博士）
　　　汪双凤（华南理工大学传热与节能教育部重点实验室主任、能源工程与
　　　　　　化学工程教授、博士生导师，博士）
　　　张玉玲（广东省科学院广州地理研究所副研究员，佛山科学技术学院教
　　　　　　授、硕士生导师，博士）

I

张建明（广州市住房和城乡建设局房屋管理处处长、一级调研员，博士）

林　洪（广东财经大学教授，博士）

罗　红（广州体育学院副教授、硕士生导师，博士）

周永章（中山大学地球环境与地球资源研究中心主任、地球环境与资源教授、区域可持续发展专业博士生导师，博士）

柳立子（广州市社会科学院城市文化研究所副所长、副研究员，博士）

赵　玮（中山大学光华口腔医学院附属口腔医院科主任、教授、博士生导师，博士）

钟晓青（中山大学园林及生态经济规划设计所所长、副教授，博士）

段咏新（美国AAM集团公司常务副总裁、园林高级工程师，博士）

唐　平（广东工业大学计算机专业教授，博士）

唐书泽（暨南大学食品科学教授、博士生导师，博士）

梅林海（暨南大学经济学院教授、日本经济研究中心主任、博士生导师，博士）

常　杰（华南理工大学化学与化工学院教授、博士生导师，博士）

彭未名（广东外语外贸大学社会与公共管理学院院长、教育学教授，博士）

熊惠军（华南农业大学兽医学院教授、小动物专业博士生导师，博士）

编辑部成员：（按姓氏笔画先后排序）

　　冯振行（广州市科学技术协会一级主任科员）

　　苏华丽（广州市科学技术发展中心副主任）

　　李洁玲（广州市科学技术发展中心办公室副主任）

　　吴珺悦（广州市科学技术发展中心研究发展部专业技术十一级）

　　何　欢（广州市科学技术发展中心科普活动部科员）

　　彭　程（广州市科学技术发展中心办公室专业技术十一级）

编委会办公室主任：刘苏玲（广州市博士科技创新研究会秘书长）

编委会办公室工作人员：陈　晖　彭　燊　陈　浩　丁永钐

法律顾问：陈　忠（广东天诺律师事务所主任）

前 言

习近平总书记创造性提出"发展新质生产力",是推进中国式现代化的重大战略举措。党的二十届三中全会要求"健全因地制宜发展新质生产力体制机制",并作出全面部署。广东将推进产业科技创新、发展新质生产力作为战略之举、长远之策。广州提出"二次创业"再出发,大干二十年,再造新广州,率先实现社会主义现代化。广大科技工作者以因地制宜加快发展新质生产力作为重要着力点,力求实现更多新突破,为加快实现高水平科技自立自强贡献更大力量。

广州市科学技术协会作为党和政府联系科技工作者的桥梁和纽带,组织广州市博士科技创新研究会,聚焦以科技创新推进中国式现代化具体实践的举措和成效,团结带领来自广东省内高校、机关团体、企事业单位的博士专家,连续十年为广州市领导干部和公务员精心编写《广州市领导干部和公务员科学素质读物》。本书是第十一本同类读物。根据科技发展态势,本书在篇目设计上,更关注我国科技发展在全球化视野下的融合与互动,广州科技发展对产业创新的带动以及与粤港澳大湾区科技发展的关联。第一篇概览国内外科技重大成就及新趋势,新增中国在世界科技格局中的表现。第二篇介绍国内外最新科技动态,涵盖各重点领域，芯片与人工智能、新能源这两个发展迅速的领域尤其值得关注。第三篇展现广州科技创新成果与进展，对科技政策与平台建设、产业动态、规划布局作了详细介绍。第四篇关注粤港澳大湾区科技突破与合作，特别是样板企业的科技创新引领态势。

本书的内容主要来源于主流科技媒体网站，并经专家团队摘录、整理、总结与审核，确保科技信息的科学性、准确性与权威性。本书的编写始终坚持"尊重科学""客观导向""力求简练""通俗易懂"等原则，在科学性与可读性之间取得平衡，希望成为读者们案头的有益读物。本书不足之处难免，敬请各级领导干部和公务员提出宝贵意见和建议。

目　录

第一篇　国内外科技重大成就及新趋势　1

一、2023年度诺贝尔奖 /2
　　1. 诺贝尔生理学或医学奖：mRNA免疫反应研究 /2
　　2. 诺贝尔物理学奖：阿秒光脉冲研究 /2
　　3. 诺贝尔化学奖：量子点的发现和研究 /3

二、2023年度国家科学技术奖 /3
　　1. 习近平总书记为建设科技强国作出新指引 /3
　　2. "科技三会"的意义 /4
　　3. 李德仁院士、薛其坤院士获2023年度国家最高科学技术奖 /5
　　4. 薛其坤院士捧最高奖暨广东14个牵头项目获殊荣 /6

三、2023年度重大科技进展 /8
　　1. 国家自然科学基金委员会：2023年度中国科学十大进展 /8
　　2. 中国科学院院士和中国工程院院士投票评选2023年中国十大科技进展 /11

3. 2023年中国最新十大科技 /14

4. 中国工程院：2023年全球十大工程成就和《全球工程前沿2023》报告 /15

5. 中国科学院：《2023研究前沿》报告和《2023研究前沿热度指数》报告 /16

6. 《科技日报》：2023年国际十大科技新闻 /16

7. 《解放军报》：2023年全球军事科技热点 /20

8. 《中国科学报》：2023年度十大"科学"谣言 /22

9. 2023年度吴阶平医学奖、吴阶平医药创新奖颁奖 /24

四、2024年科技展望 /24

1. 新华社：2024年科技大事展望 /24

2. 深科技（DeepTech）：2024年生物医药技术趋势展望 /27

3. 《麻省理工科技评论》：2024年"十大突破性技术" /31

4. 《自然》：2024年最值得关注的七大技术 /37

5. 中国科协：2024年十大前沿科学问题、十大工程技术难题和十大产业技术问题 /38

五、中国在世界科技格局中的表现 /41

1. 英伟达定律 /41

2. 《2023年中国科技论文统计报告》发布 /41

3. 《中国科技人才发展报告（2022）》发布 /42

4. 中国正从开源大国迈向开源强国 /42

5. 中国内地29所大学进入全球500强 /43

6. 中美AI巨头的价值战对决价格战 /43

7. 《经济学人》称中国已成为科学超级大国 /44

8. 《经济学人》分析"崛起的中国科学"优劣势 /45

9. WIPO报告：创新成果高度集中于少数国家 /46

10. 全球153个"灯塔工厂"有62个在中国 /47

11. 中国科协着力加快国际科技组织建设 /47

第二篇　国内外最新科技动态

一、芯片与人工智能 /50

（一）比较与趋势 /50

1. 全球半导体厂商最新排名 /50

2. 英伟达超越苹果成为美国第二大上市公司 /50

3. ASML市值超越LVMH成为欧洲第二大上市公司 /51

4. 台积电美股创历史新高 /51

5. 美国科技七巨头与中国科技七巨头的比较 /51

6. 未来5年半导体的预测 /52

7. OpenAI创始人6个"更"预测大模型未来 /53

8. 25位世界顶尖科学家呼吁采取更强有力行动防范AI风险 /53

9. 中国六成算力集中在3个区域 /54

10. 英特尔CEO宣称10年后50%的芯片将在美国制造 /55

11. 中国即将量产5纳米芯片 /55

12. AI、能源转型催动半导体需求 /56
13. 中国芯片股有望成"长期赢家" /56
14. 中国成功研发出"超级光盘" /57
15. 美英等国发表声明支持6G原则 /57
16. 视频生成的设计逻辑 /58
17. 未来10年算力将再提高100万倍 /59
18. 美国等科技巨头封锁6G技术 /60
19. AI将在2029年超过全人类 /60
20. 欧洲人工智能的尴尬与焦虑 /61
21. 西方主要国家企图"瓜分"台积电 /61
22. 美国科技公司CEO扎堆来中国 /63
23. 未来5年AI大模型的3层风险 /63
24. 美报告预测中国12英寸晶圆生产设备支出将领先全球 /64
25. 全球顶级AI人才调查 /65
26. 研究机构测评国内外140余个大模型综合能力对比 /66

（二）对策与突破 /67

1. 英伟达要在中国台湾地区设第二个AI超级电脑中心 /67
2. 预计特斯拉2024年购买英伟达硬件将支出30亿～40亿美元 /68
3. 斯坦福学生团队致歉抄袭中国大模型 /68
4. 马斯克的xAI拟在孟菲斯开发超级计算机为Grok提供算力 /69
5. 开发AI越来越昂贵 /69
6. 清华芯片取得突破再登《自然》封面 /70

7. 台积电、三星3纳米制程分别被苹果、AMD所采用 /71
8. 上海人形机器人产业加速起飞 /71
9. 汽车芯片SBC的风向变了 /72
10. 特供中国的英伟达算力芯片不受欢迎 /73
11. 完全可编程的拓扑光子芯片首次实现 /73
12. 阿斯麦称可远程瘫痪光刻机 /74
13. OpenAI承诺投入20%算力防止AI失控但从未兑现 /74
14. 龙芯中科要构建独立于X86和ARM的生态 /74
15. 中国工程院院士邬江兴称90%以上主流大模型不可信 /75
16. ChatGPT重塑了文本相关行业而Sora正在改写视频行业 /75
17. 印度首位AI教师会说三种语言 /76
18. AI已"入侵"职业足球 /77
19. Figure首发OpenAI大模型加持的机器人Demo /77
20. 中国的OpenAI公司的赚钱方式 /78
21. 世界上首位AI程序员诞生 /79
22. 全球首个AI程序员Devin涉嫌造假 /80
23. 智能助手Kimi /80
24. ARM定目标：5年拿下50%的CPU市场 /80
25. 高通认为下一代AI PC的推出将成为行业转折点 /81
26. 中国光刻胶迎新突破 /82
27. 台积电获美国116亿美元款项 /83
28. AI手机可能带来新一波换机潮 /84
29. 中国移动发布大云磐石DPU /84

30. 部分AI系统已学会欺骗人类 /85
31. 世界首款芯片式3D打印机 /85

二、生物医药与健康 /86

1. 中国成为全球最大的化学制剂生产国 /86
2. 全球猪肾移植技术不断取得进展 /87
3. 中国工程院院士吴清平建议着力选育食药用菌高值品种 /88
4. 中国工程院院士陈坚认为替代蛋白产业的春天已经到来 /89
5. 马斯克称脑机接口技术有望帮助瘫痪者恢复全身控制 /90
6. 脑机接口大突破在即 /91
7. 中国团队公布首例无线微创脑机接口临床试验成功开展 /92
8. 5G助力华南首例骨科手术机器人远程手术成功 /92
9. 基因编辑首次让瘫痪小伙复归常人 /93
10. 日本科研团队成功培育出基因改造猪仔 /93
11. 中国阿尔茨海默病研究获重大突破 /94
12. "伟哥"可改善大脑血流有助于预防痴呆症 /94
13. "北脑二号"实现突破 /95

三、新材料与精细化工 /95

1. 中国成功研发出燃料电池材料 /95
2. 中国"机器化学家"成功创制火星产氧电催化剂 /96

3. 我国科学家发现战略性金属新矿物有望打破国外垄断 /97
4. 青拓集团成功轧制出0.015毫米超薄手撕钢 /97
5. 北京大学研制出全球首个110GHz纯硅调制器 /98
6. 我国科学家实现无液氦极低温制冷 /98
7. 世界上第一个石墨烯半导体的迁移率比硅快10倍以上 /99
8. 广东科学家成功研发出新型稀土开采技术 /99
9. 西方国家试图追赶中国向稀土价值链上游移动的趋势的步伐 /100

四、新能源 /100

（一）新能源新动态 /100
1. AI是耗电费水"大魔王" /100
2. 我国最深地热科探井完钻 /101
3. 美国"核聚变点火"寻求人类终极能源 /102
4. 中国建成全球首个全高温超导核聚变实验装置 /102
5. 中国首次将AI技术规模化用于输电线路发热检测 /103
6. 新一代人造太阳"中国环流三号"取得重大进展 /103
7. 国产商用飞机首次成功用"地沟油"上天 /104
8. 硬币大小却能自己发电50年的核能电池 /105
9. 欧盟重大错误使其能源安全落后于中国和美国 /105

（二）电池与新能源汽车 /105
1. 智己汽车推出"第一代光年固态电池" /105
2. 我国新能源汽车保有量达2472万辆 /106
3. 中国电动汽车优势巨大的原因 /107
4. 日本、新加坡、菲律宾联盟应对中国电动车竞争 /107
5. 加氢模式败退美国 /108
6. 中国将突破汽车运输瓶颈 /108
7. 10年后全球智能电动车企十强中国将占一半 /110
8. 院士欧阳明高回应新能源汽车六大质疑 /110
9. 特斯拉Cybertruck新接口支持无线充电 /111
10. 新能源车企的两种模式 /112

五、航空航天及天文 /112
1. 星舰第四次试飞成功 /112
2. 谷神星一号海射型（遥二）·新浪微博号运载火箭成功发射 /113
3. 波音"星际客机"飞船成功与国际空间站对接 /113
4. 日本宣称成为第五个实现登月的国家 /114
5. 中国科研人员在国际上首次认证宇宙线起源 /114
6. 我国首台近红外望远镜可承受零下80℃低温 /115

六、其他科技信息 /116
1. 台积电等企业对敏感技术保护起来防止外流 /116
2. 智能汽车将领跑国产高端车市场 /116
3. 中国"密码技术"加速出海 /117

4. 日本投入100亿日元力图让研究论文可免费阅读 /118

5. 美国的"中国行动计划"至今仍在行动 /118

6. 联通、移动将跟进卫星通信业务 /119

7. 长三角在新质生产力上的布局 /120

8. 中国第三代自主超导量子计算机 /120

9. 上海印发《上海市颠覆性技术创新项目管理暂行办法》/121

10. 中国工程院两名院士认为5G应用不足 /122

第三篇　广州科技创新成果与进展　　123

一、科技政策与平台建设 /124

1. 国内首个5G超高清科创中心即将在广州落成 /124

2. 《广州市数字经济高质量发展规划》发布 /124

3. 《广州市人民政府办公厅关于推动新型储能产业高质量发展的实施意见》发布 /125

4. 广东再添一个中医类国家级实验室（中医证候全国重点实验室）/125

5. 暨南大学首个全国重点实验室启动建设 /126

6. 广州新增5名院士 /126

7. 2024年全国颠覆性技术创新大赛在广州启动 /127

8. 广州市科协持续打造"科创中国"成果转化新名片 /128

二、科技产业动态 /128

1. 首台国产商业场发射透射电子显微镜发布 /128
2. 《广州生物医药产业创新发展报告（2023）》发布 /129
3. 全球首个"空中的士"集齐"三证" /129
4. 广东绿电市场主体数量逾600家 /130
5. 广汽集团开展科技合作做好"新势力" /131
6. 广州打造大学城低空经济应用示范岛 /131
7. 国内首个L4级自动驾驶货运车无人路测在广州开启 /131
8. 《广州市低空经济发展实施方案》发布 /132
9. 《广州市综合立体交通网规划（2023—2035年）》提出预留高速磁悬浮通道 /133
10. 广州引进一家全球前十的"超级大厂" /133
11. 广州健康院：绘制人类细胞谱系"航海图" /134
12. 小马智行推进自动驾驶出租车大规模商业运营 /135
13. 中科宇航成功发射"微纳星空"泰景系列卫星 /135
14. 广州持续推进建筑产业全面转型升级 /136

三、科技规划与布局 /137

1. 广州"科技力"创造多个全国第一 /137
2. 广州包揽2022年度省科学技术奖之突出贡献奖和特等奖 /138
3. 广州推行科研经费"负面清单＋包干制" /138
4. 广州白云湖数字科技城建设提速 /139
5. 2023年创交会在广州举办 /139
6. 2023年广州市全国科普日启动 /140

第四篇　粤港澳大湾区科技突破与合作

一、大湾区走在科技创新前列 /142

1. 华南首例全球最小人工心脏小切口不停跳植入 /142
2. 东莞启动"超级显微镜"二期工程 /142
3. "空中的士"可媲美专车价格 /143
4. 亚洲第一深水导管架"海基二号"在海上安装就位 /143
5. 广东"小巨人"企业超1500家跃居全国第一 /144
6. 粤港澳大湾区科创协同发展连续4年位居全球第二 /144
7. 南科大校长薛其坤成为70年来首位中国籍巴克利奖获得者 /145
8. 大湾区首个大模型生态社区在深圳揭牌 /146
9. 大湾区超级独角兽企业数量全国第一 /146
10. 港城大（东莞）首年本科全国招生 /147
11. 广东深化职务科技成果管理改革试点3年 /147
12. 广东省公布《广东省推动低空经济高质量发展行动方案（2024—2026年）》 /148
13. 广东腐蚀科学与技术创新研究院攻坚"卡脖子"技术 /148
14. 广东发布《关于构建数据基础制度推进数据要素市场高质量发展的实施意见》 /149

二、引领科技创新的样板企业 /150

1. 华为的"AI一体机"产品挑战大型科技公司的云增长战略 /150

2. 华为和小米手机大部分都是比亚迪生产 /150

3. 华为创下5.4Gbps业界最高纪录 /151

4. "纯血鸿蒙"真机界面不可用于原生安卓 /151

5. 大疆创造民用无人机最高海拔运输纪录 /152

三、港澳科技动态 /152

1. 香港"DNA复制起始新机制研究"入选2023年中国科学十大进展 /152

2. 香港科学园深圳分园在河套正式开园 /153

3. "澳门研发＋横琴转化"渐入常态 /153

4. 澳门科技大学发布《中国健康产业视听传播研究报告（2024）》 /153

《广州市领导干部和公务员科学素质读物（2024）》问卷调查表

第一篇 国内外科技重大成就及新趋势

在推进中国式现代化、实现第二个百年奋斗目标伟大进程中的重要作用，系统阐明了新形势下加快建设科技强国的基本内涵和主要任务，更详尽回答了建设科技强国的时代命题。习近平总书记将对科技创新规律的认识提升到新高度：坚持党的全面领导，坚持走中国特色自主创新道路，坚持创新引领发展，坚持"四个面向"的战略导向，坚持以深化改革激发创新活力，坚持推动教育科技人才良性循环，坚持培育创新文化，坚持科技开放合作造福人类。习近平总书记首次系统阐明科技强国五方面基本要素：一是拥有强大的基础研究和原始创新能力，持续产出重大原创性、颠覆性科技成果。二是拥有强大的关键核心技术攻关能力，有力支撑高质量发展和高水平安全。三是拥有强大的国际影响力和引领力，成为世界重要科学中心和创新高地。四是拥有强大的高水平科技人才培养和集聚能力，不断壮大国际顶尖科技人才队伍和国家战略科技力量。五是拥有强大的科技治理体系和治理能力，形成世界一流的创新生态和科研环境。现在距离实现建成科技强国目标只有11年时间了，习近平总书记强调，"必须进一步增强紧迫感"。为此，习近平总书记对聚焦加快推进高水平科技自立自强、助力发展新质生产力、充分激发创新创造活力、构筑人才竞争优势、推动科技开放合作等提出了一系列明确要求。

2. "科技三会"的意义

2024年6月24日，全国科技大会、国家科学技术奖励大会、两院院士大会首次共同举行。以前，这三个大会都是分别召开，但合在一起共同举行，还是头一回。2016年的全国科技创新大会，是与两院院士大会、中国科协第九次全国代表大会共同召开的，被称为

"科技三会"。习近平总书记当时在会上说，"这是共和国历史上的又一次科技盛会"。"科技三会"召开的这一天——5月30日，后来被设立为"全国科技工作者日"。2024年这次国家科学技术奖励大会，是时隔两年再次召开。上次大会宣读的是《国务院关于2020年度国家科学技术奖励的决定》，2024年宣读的则是《中共中央 国务院关于2023年度国家科学技术奖励的决定》。2024年6月24日，全国科技大会、国家科学技术奖励大会、两院院士大会，三场会议首次"相逢"。2024年这三场会议也都是在党的二十大后首次召开。正如总书记在会上所说：`"这次大会是在以中国式现代化全面推进强国建设、民族复兴伟业关键时期召开的一次科技盛会。"

3. 李德仁院士、薛其坤院士获2023年度国家最高科学技术奖

2023年度国家最高科学技术奖在2024年6月24日揭晓。国家最高科学技术奖获得者2人：分别是中国科学院院士、中国工程院院士李德仁和中国科学院院士薛其坤。李德仁是著名的摄影测量与遥感学家，一直致力于提升我国测绘遥感对地观测水平。他攻克卫星遥感全球高精度定位及测图核心技术，解决了遥感卫星影像高精度处理的系列难题，带领团队研发全自动高精度航空与地面测量系统，为我国高精度高分辨率对地观测体系建设做出了杰出贡献。薛其坤是凝聚态物理领域著名科学家，取得多项引领性的重要科学突破。他率领团队首次实验观测到量子反常霍尔效应，在国际上产生重大学术影响；在异质结体系中发现界面增强的高温超导电性，开启了国际高温超导领域的全新研究方向。

三 2023年度重大科技进展

1. 国家自然科学基金委员会：2023年度中国科学十大进展

"中国科学十大进展"自2005年启动以来，已成功举办18届。历年入选"中国科学十大进展"的内容较为全面地记录了我国基础科学研究的重要成果。2024年2月29日，国家自然科学基金委员会发布2023年度中国科学十大进展：

（1）**人工智能大模型为精准天气预报带来新突破**。华为云计算技术有限公司田奇团队在天气预报领域取得了新突破。基于人工智能方法，他们构建了一个三维深度神经网络模型，称为盘古气象大模型。其主要技术贡献有3点：一是采用了三维神经网络结构，更好地建模复杂的气象过程。二是采用地球位置编码技术，提升训练过程的精度和效率。三是训练具有不同预测时效的多个模型，减少迭代误差，节约推理时间。

（2）**揭示人类基因组"暗物质"驱动衰老的机制**。在人类基因组中，"暗物质"——非编码序列占据了98%，其中有约8%是内源性逆转录病毒元件，它是数百万年前古病毒入侵并整合到人类基因组中的残留物，通常情况下处于沉默状态。然而，随着年龄的增长，这些沉睡的古病毒"化石"的封印是否会被揭开，进而加速我们身体的衰老进程尚不得而知。中国科学院动物研究所刘光慧研究员带领研究团队，通过搭建生理性和病理性衰老研究体系，结合高通量、高灵敏性和多维度的多学科交叉技术，揭示在衰老过程中，表观遗传"封印"的松动将导致原本沉寂的古病毒元件被重新激活，并进一步驱动衰老的"程序化"和"传染性"。

（3）发现大脑"有形"生物钟的存在及其节律调控机制。生物钟的准确性和稳定性与健康息息相关。由于缺乏对生物节律调节机制的认识，当前国际上尚未能研究出基于生物节律的有效治疗药物。大脑的视交叉上核（SCN）是生物钟的指挥中枢，但SCN如何维持机体内部节律稳定性，从而抵御外界环境的干扰，尚不清楚。军事医学研究院李慧艳研究员和张学敏研究员通过合作研究发现了大脑"有形"生物钟的存在。他们发现大脑生物钟中枢SCN神经元长有"天线"样的初级纤毛，每24小时伸缩一次，如同生物钟的指针，通过它可实现对机体生物钟的调控。

（4）农作物耐盐碱机制解析及应用。我国有15亿亩盐碱地未被有效利用，通过培育耐盐碱农作物，可提高盐渍化土地产能，将为我国粮食安全提供有效保障。尽管学术界对于植物耐盐性有较深入认知，但对植物耐碱胁迫的认识严重不足，这阻碍了耐盐碱作物的培育。中国科学院遗传与发育生物学研究所谢旗领衔的8家单位科研团队联合攻关，在粮食作物耐盐碱领域取得重要突破。

（5）新方法实现单碱基到超大片段DNA精准操纵。基因组编辑是生命科学领域的颠覆性技术，将对医疗和农业等领域的发展产生重要影响。但是，精准基因组编辑技术的底层专利目前被国外垄断，我国亟待创制具有自主产权的新技术。另外，大片段DNA的精准操纵技术研发刚刚起步，未来将是全球基因组编辑技术竞争的制高点。中国科学院遗传与发育生物学研究所高彩霞团队与北京齐禾生科生物科技有限公司的赵天萌团队合作，实现了基因组编辑在方法建立、技术研发和工具应用方面的多层次创新。

（6）揭示人类细胞DNA复制起始新机制。DNA复制从染色体上多个地方开始，这些地方被称为复制起始位点。复制起始过程分两步：一是在起始点上组装MCM双六聚体；二是激活MCM双六聚体，成为复制体，启动复制。如果这个过程出现问题，会导致严重的疾病，比如癌症、早衰和侏儒症等。为了深入了解人体细胞DNA复制是如何开始的，该项工作解析了人体内的MCM双六聚体复合物的冷冻电镜结构。

（7）"拉索"发现史上最亮伽马暴的极窄喷流和十万亿电子伏特光子。伽马射线暴（简称伽马暴）是天空中突然发生的短暂伽马射线爆发现象。近些年，一些望远镜发现了伽马暴在万亿电子伏特能段随时间下降的余辉，但早期起始阶段一直未被探测到。我国高海拔宇宙线观测站"拉索"（LHAASO）首次记录了伽马暴万亿电子伏特光子爆发的全过程，探测到早期的上升阶段，由此推断喷流具有极高的相对论洛伦兹因子。"拉索"还看到了GRB 221009A（史上最亮伽马暴，起源于24亿光年外的大质量恒星死亡瞬间）的余辉在700秒左右出现了快速下降，这一光变拐折现象被认为是观测者看到了喷流的边缘所致。从光变拐折的时间得到喷流的半张角仅有0.8度。这是迄今发现最窄的伽马暴喷流，意味着它实际上是一个典型结构化喷流的核心。

（8）玻色编码纠错延长量子比特寿命。理论上，量子计算机具有超越经典计算机的算力，但受噪声干扰后容易出现量子退相干，导致错误率比经典计算机至少高十多个量级。南方科技大学和深圳国际量子研究院的俞大鹏院士与徐源研究团队，联合福州大学郑仕标、清华大学孙麓岩等团队依据玻色编码量子纠错方案，开发了基于频率梳控制的低错误率宇称探测技术，大幅延长逻辑量子比特的相干寿命，超盈亏平衡点达16%，实现了量子纠错增益。该成果是通往容错量子计算道路上的一项重要成果。

（9）揭示光感受调节血糖代谢机制。国内外多项公共卫生调查研究显示，夜间过多光暴露显著增加罹患糖尿病、肥胖等代谢疾病风险。然而，光是否以及如何调节机体的血糖代谢，是尚未解决的重要科学问题。中国科学技术大学薛天研究团队发现光暴露显著降低小鼠的血糖代谢能力。哺乳动物感光主要依赖视网膜上的视锥、视杆细胞和对蓝光敏感的自感光神经节细胞（简称ipRGC）。利用基因工程手段，研究团队发现光降低血糖代谢由ipRGC感光独立介导，进一步研究发现光信号经由视网膜ipRGC，至下丘脑视上核、室旁核，进而到达脑干孤束核和中缝苍白核，最后通过交感神经连接到外周棕色脂肪组织，并最终确定了光降低血糖代谢的原因，是光经由这条通路抑制棕色脂肪组织消耗血糖的产热。进一步研究表明，光同样可利用该机制降低人体的血糖代谢能力。

（10）发现锂硫电池界面电荷存储聚集反应新机制。锂硫电池具有极高的能量密度和较低的成本，然而，锂硫电池的广泛应用还未能实现。因为它在充放电过程中，电池性能会快速下降。受限于传统原位显微研究技术的时空分辨率低及锂硫体系不稳定等因素，人们对其内部发生的化学反应过程尚不清楚，无法针对性解决问题。厦门大学廖洪钢、孙世刚和北京化工大学陈建峰等开发高分辨电化学原位透射电镜技术，耦合真实电解液环境和外加电场，实现对锂硫电池界面反应原子尺度动态实时观测和研究。

2. 中国科学院院士和中国工程院院士投票评选2023年中国十大科技进展

2024年1月11日，由中国科学院和中国工程院主办、两院院士投票评选的2023年中国和世界十大科技进展新闻揭晓发布。2023年中国十大科技进展新闻如下：

（1）**全球首座第四代核电站商运投产**。中国具有完全自主知识产权的国家科技重大专项——华能石岛湾高温气冷堆核电站示范工程商运投产，成为世界首个实现模块化第四代核电技术商业化运行的核电站，标志着中国在高温气冷堆核电技术领域实现了全球领先，对推动中国实现高水平科技自立自强、建设能源强国具有重要意义。

（2）**神舟十六号返回，中国空间站应用与发展阶段首次载人飞行任务圆满完成**。神舟十六号载人飞行任务是中国载人航天工程进入空间站应用与发展阶段的首次载人飞行任务，在航天员乘组和地面科研人员密切配合下，开展了人因工程、航天医学、生命生态、生物技术、材料科学、流体物理、航天技术等多项空间科学实（试）验，在空间生命科学与人体研究、微重力物理和空间新技术等领域取得重要进展，迈出载人航天工程从建设向应用、从投入向产出转变的重要一步。

（3）**超越硅基极限的二维晶体管问世**。北京大学彭练矛院士、邱晨光研究员团队构筑了10纳米超短沟道弹道二维硒化铟晶体管，创造性提出"稀土钇元素掺杂诱导二维相变理论"，并发明"原子级可控精准掺杂技术"，从而成功克服二维领域金属和半导体接触的国际难题，研制出国际上迄今速度最快、能耗最低的二维晶体管。

（4）**中国科学家发现耐碱基因可使作物增产**。为更好地利用盐碱地资源，中国科学院遗传与发育生物学研究所谢旗研究员科研团队与国内多家科研机构和院校合作，经过多年研究发现主效耐碱基因AT1，可以显著提高高粱、水稻、小麦、玉米、谷子等作物在盐碱地上的产量，且在改良盐碱地的综合利用中具有重大应用前景，有望为中国粮食安全发挥重要支撑作用。

（5）**天问一号研究成果揭示火星气候转变**。中国科学院国家天文台李春来团队联合中外团队，瞄准火星乌托邦平原南部丰富的风沙地貌，利用天问一号环绕器高分辨率相机、火星车导航地形相机、多光谱相机、表面成分分析仪、气象测量仪等开展高分辨率遥感和近距离就位的联合探测，研究成果有助于增进对火星古气候历史的理解，为火星古气候研究提供了新的视角，也为地球未来的气候演化方向提供了借鉴。

（6）**中国首个万米深地科探井开钻**。中国石油塔里木油田公司深地塔科1井开钻入地，旨在探索万米级特深层地质、工程科学理论，标志着中国向地球深部探测技术系列取得新的重大突破，钻探能力开启"万米时代"。深地塔科1井位于新疆阿克苏地区沙雅县境内，紧邻埋深达8000米的富满10亿吨级超深油气区。该井采用的是中国自主研制的全球首台1.2万米特深井自动化钻机。

（7）**液氮温区镍氧化物超导体首次发现**。中山大学王猛教授团队与清华大学、华南理工大学等单位合作，首次发现在14 GPa压力下达到液氮温区的镍氧化物超导体。这是由中国科学家率先独立发现的全新高温超导体系，是人类目前发现的第二种液氮温区非常规超导材料。该成果将有望推动破解高温超导机理，使设计和预测高温超导材料成为可能，使超导在信息技术、工业加工、电力、生物医学和交通运输等领域实现更广泛的应用。

（8）**"中国天眼"（FAST）探测到纳赫兹引力波存在证据**。由中国科学院国家天文台等单位科研人员组成的中国脉冲星测时阵列研究团队，利用"中国天眼"探测到纳赫兹引力波存在的关键性证据，表明中国纳赫兹引力波研究与国际同步达到领先水平。

（9）世界首个全链路全系统空间太阳能电站地面验证系统落成启用。西安电子科技大学段宝岩院士团队完成的逐日工程——世界首个全链路、全系统SSPS地面验证系统，主要技术指标世界领先，应用前景广阔。在太空，可助力构建空间能源网、空间充电桩，破解空间算力、星上信息处理、空间攻防及超远程探测的供电难题；在陆海空，可为空中飞艇、无人机群、海上移动平台、灾害及边远区域无线供电。

（10）科学家阐明嗅觉感知分子机制。山东大学孙金鹏教授团队和上海交通大学医学院李乾研究员团队合作，研究阐释了II类特异嗅觉受体感知气味的分子机制，为嗅觉受体家族识别配体奠定了理论基础，对开发靶向嗅觉受体的新药也有重要意义。

3. 2023年中国最新十大科技

《科学知识点》2023年12月22日提出，这些技术的突破不仅标志着我国科技实力的提升，还为我国未来的发展注入了新的动力，每项都有助于我国快速崛起。

（1）福建舰。我国自主研发的第三艘航空母舰，也是我国海军史上最大的航空母舰，排水量达8万余吨，配置有电磁弹射器。

（2）深中通道。采用全球领先的技术和设计理念，集桥梁、岛屿和隧道于一体，全长22.9公里，其中隧道部分长达6.7公里。

（3）"奋斗者"号潜水器。我国自主研发的万米载人潜水器，最大下潜深度达到了10909米，它在2023年1月完成了首次南极科考任务。

（4）可控核聚变。"人造太阳"环流三号的成功研制和运行是其中的代表，实现了更高温度和更长时间的持续运行。

（5）龙芯3A6000。这款高性能处理器有助于提升我国在计算机硬件领域的自主创新能力。

（6）国产大飞机C919。实现了国产大飞机从无到有的跨越。

（7）一箭41星。长征系列运载火箭成功将41颗卫星送入轨道。

（8）"双曲线"二号回收成功。我国自主研发的一款大型火箭，具有可重复使用技术。

（9）华为麒麟9000S芯片。华为公司推出的一款高性能处理器。

（10）圆环阵太阳射电成像望远镜。全球规模最大的望远镜。

圆环阵太阳射电成像望远镜。来源：《科学知识点》

4. 中国工程院：2023年全球十大工程成就和《全球工程前沿2023》报告

中国工程院等单位2023年12月在北京发布本年度全球十大工程成就及《全球工程前沿2023》报告。2023年全球十大工程成就包括：ChatGPT、中国空间站、百亿亿次超级计算机、白鹤滩水电站、双小行星重定向测试、RTS,S/AS01疟疾疫苗、鸿蒙操作系统、Spot & Atlas机器人、锂离子动力电池、无人驾驶航空器。

《全球工程前沿2023》报告共研判93项工程研究前沿和94项工程开发前沿。涉及9个领域：机械与运载工程，信息与电子工程，化工、冶金与材料工程，能源与矿业工程，土木、水利与建筑工程，环境与轻纺工程，农业，医药卫生和工程管理。

5. 中国科学院：《2023研究前沿》报告和《2023研究前沿热度指数》报告

2023年11月28日，中国科学院科技战略咨询研究院、中国科学院文献情报中心与科睿唯安联合发布《2023研究前沿》报告和《2023研究前沿热度指数》报告。发布《研究前沿》系列报告是中国科学院"发挥好国家高端科技智库功能，把握世界科技发展大势"的重要举措。

从十一大学科领域整体层面的研究前沿热度指数来看，中国稳居第二；从科学领域具体热度指数得分来看，中国在农业科学、植物学和动物学领域，生态与环境科学领域，化学与材料科学领域，信息科学领域和经济学、心理学及其他社会科学领域这5个领域均排名第一。在十一大科学领域的110个热点前沿和18个新兴前沿中，中国研究前沿热度指数排名第一的前沿数为31个，约占全球四分之一。

6.《科技日报》：2023年国际十大科技新闻

《科技日报》2023年12月29日报道，2023年，科学的地平线上燃起了新的曙光。从活体中的电极，到引力波的"歌声"；从单原子水平的探索，到广袤太空里中国人自己的实验室；从人类对自身细胞级的了解，到人工智能真正走入我们的生活……2024年即将开启，前行不辍的科学家们，正一步步接近科技新纪元的大门。

（1）活体组织中"长出"电极。瑞典林雪平大学、隆德大学和哥德堡大学研究团队将神经组织与电子设备连接了起来。通常来说，刚性电子设备和软组织之间的不匹配，可能会损害脆弱的生命系统。但该团队使用可注射凝胶直接在体内制造出软电极。注射到活体组织后，凝胶中的酶分解体内的内源代谢物，从而引发凝胶中有机单体的酶聚合，将其转化为稳定、柔软的导电电极。研究人员通过将凝胶注射到斑马鱼和药用水蛭中，验证了这一过程。凝胶在两种生物体中聚合并在组织内"生长"出了电极。

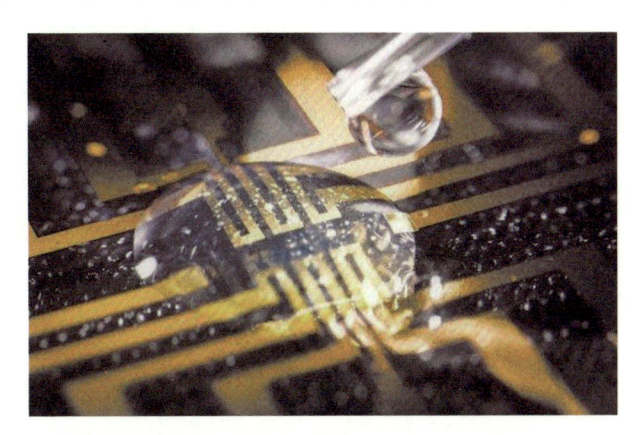

在微制造电路上测试的可注射凝胶。
来源：托尔·巴克希德/《科学》杂志网站

（2）雄性小鼠产生功能性卵细胞。此前有研究探索过改变原生殖细胞性别的可能性，结果发现配子的产生或是减少，只能产生生育力很低的细胞。但这一次，日本九州大学林克彦团队报告了利用多能干细胞有可能产生更健全的卵细胞。团队使用了成熟雄性小鼠尾巴的皮肤细胞（携带XY染色体），并把这些细胞转化成诱导多能干细胞。他们将这些干细胞进行体外培养，这个过程会产生一部分罕见缺失Y染色体的细胞（约占6%的培养细胞），即XO细胞。

（3）双缝实验在时间维度重建。2023年4月，英国科学家借助一种能在飞秒（千万亿分之一秒）内改变特性的"超材料"，在时间而非空间维度重现了著名的双缝实验。最新实验揭示了更多光的基本性质，也为创造出能在空间和时间尺度上精细控制光的终极材料奠定了基础。

（4）国际团队公布引力波背景辐射划时代发现。经过15年的数据收集，2023年6月，科学家们第一次"聆听"到了在宇宙中荡漾着的引力波永恒合唱，声音比预期要大得多。这是针对引力波背景的划时代重大发现。北美纳赫兹引力波天文台团队表示，目前他们还只能测量整体引力波背景，而不能测量单个"歌手"或"乐器"的辐射。即便如此，也足以令整个天文物理学界惊喜，因为"引力波背景的声音大约是预期的两倍"。美国耶鲁大学助理教授明加雷利称，这是人们能从超大质量黑洞中创建的模型的上限。

（5）首次探测到单原子X射线信号。让材料检测方式发生历史性突破，并不是仅仅依靠设备升级就可以，科学家们需要从原子水平进行革新。2023年6月，来自美国俄亥俄大学、阿贡国家实验室、伊利诺伊大学芝加哥分校等的科学家，首次拍摄到了单原子X射线信号，这一突破性的成就有望彻底改变人们检测材料的方法。

（6）人类Y染色体组装与分析完成。这是第一个真正完整的人类Y染色体序列，也是最后一个被完全测序的人类染色体。《自然》杂志2023年8月发表的两篇论

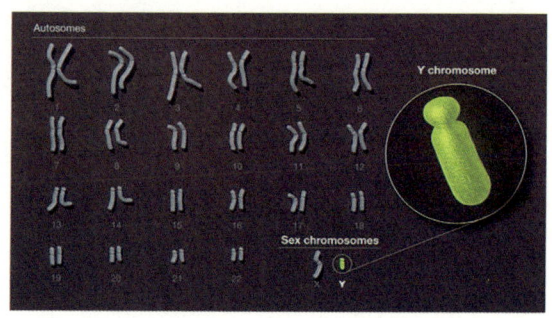

Y染色体是人类24条染色体中最后一个完成测序的。来源：美国国家人类基因组研究所

文公布了人类Y染色体的组装和分析。这项全球100多名科学家参与的研究，填补了当前Y染色体参考的诸多空白，带来了对不同人群演化和变异的见解。

（7）神经网络设计出全新蛋白质。美国麻省理工学院团队2023年8月宣布将注意力神经网络与图神经网络相结合，以更好地理解和设计蛋白质。该方法将几何深度学习与语言模型的两种优势结合起来，不仅可预测现有蛋白质特性，还可设想自然界尚未设计出的新蛋白质。此次新模型通过对基本原理建模，将大自然发明的一切作为基础，重新组合了这些自然构建块。团队在训练模型时，根据不同蛋白质的功能来预测它们的序列、溶解度和氨基酸组成部分。然后，在收到新蛋白质功能的初始参数后，模型发挥出创造力并生成了全新的结构。

（8）中国国家太空实验室正式运行。作为中国航天史上规模最大、长期有人照料的空间实验平台，运行后的国家太空实验室将利用太空中的环境优势展开科研，其中多数在地球上都无法模拟。而问天实验舱、梦天实验舱、天和核心舱部署的多个实验柜将开展上千项科学实验，探索宇宙中的奥秘，并将孵化的科技成果转化为实实在在的应用，惠及地球上普通人的生活。

（9）迄今最全人脑细胞图谱发布。2023年10月同时刊发在美国《科学》《科学进展》和《科学·转化医学》杂志上的21篇论文，公布并阐释了迄今最全的人类大脑细胞图谱。多国科学家参与的这一系列研究，揭示了3000多种脑细胞类型的特征，将有助于深入理解人类大脑的独特之处并推进脑部疾病和认知能力等研究。《自然》杂志网站援引澳大利亚弗洛里神经科学与心理健康研究所专家安东尼·汉南的话说，这一系列研究首次在单细胞水平上绘制了人类大脑图谱，显示其复杂的分子相互作用，为更好理解人脑奠定了基础。

（10）大型语言模型不断迭代升级。2023年，GPT-4的表现被认为"可与人类相媲美"。在聊天机器人ChatGPT发布约4个月后，ChatGPT背后的OpenAI宣布正式发布为ChatGPT提供支持的更强大的下一代技术GPT-4，其拥有图像识别功能、高级推理技能，以及处理25000个单词的能力，在某些测试中的表现不输于人类。而在2023年12月6日，谷歌公司则宣布推出一种名为Gemini的新人工智能模型，并声称该模型在一系列智力测试中的表现优于GPT-4模型和"专家级"人类。谷歌声称，Gemini的中档Pro版本击败了其他一些模型，例如OpenAI的GPT3.5，但更强大的Ultra超过了所有现有AI模型的能力。它在行业标准MMLU基准上的得分为90%，而"专家级"的人类预计能达到89.8%。这是人工智能首次在测试中击败人类，也是现有模型中得分最高的。

7.《解放军报》：2023年全球军事科技热点

2023年12月29日，《解放军报》盘点2023年全球军事科技热点。

（1）生成式人工智能技术。以ChatGPT为代表的生成式人工智能，是一种利用现有文本及音视频数据进行深度学习，然后生成全新内容的技术，其在商业领域的成功应用吸引了世界各军事强国的高度关注。2023年7月，美国空军已经在第6次全球信息优势演习中，首次测试使用大语言模型执行军事任务，利用人工智能系统生成的数据来辅助决策、获取目标信息并支持火力打击任务。

（2）舰载无人机技术。近年来，陆基无人机在战场上的优异表现，使得各国开始尝试将无人机配置在航母及其他水面舰艇上，以替代有人机执行各种军事任务。2023年5月，空中客车直升机公司和法国军备局（DGA），联合对VSR700无人直升机进行了海上测试，标志着其下一代舰载无人机研发进入新阶段。

（3）反无人机技术。随着现代战争中无人机的广泛运用，反无人机技术成为各国研发的热点和焦点。2023年11月，澳大利亚光电系统公司展示了一款"眩目者"激光武器。该武器使用500瓦连续波激光，可以对2千米内无人机的光电制导系统实施"软杀伤"。

（4）军用机器人技术。军用机器人能够克服人类生理极限，高效完成多种作战任务，大幅减少人员伤亡，具有极大的战场应用价值和研发潜力。2023年9月，俄军开始使用BRG-1地面机器人系统，在特别军事行动区转移伤员和运送物资。

（5）量子信息技术。量子信息技术是量子物理与信息技术相结合发展起来的新兴技术，已成为各军事强国争相发展的关键技术。2023年7月，美国陆军研究实验室被认定为国防部4个量子信息科学研究中心之一，他们已成功研发出用于接收射频通信信号的量子传感器。

（6）高超声速武器拦截技术。高超声速武器具备打击速度快、攻击范围广、突防能力强以及毁伤效果高的特点，各军事强国竞相强化高超声速武器拦截能力以有效应对威胁。2023年6月，欧洲导弹集团宣布将研发一种能够拦截高超声速导弹的新型武器系统，目前已与法国、意大利、德国和荷兰达成初步协议，将在未来3年内推出原型机。

（7）第六代战机技术。第六代战机的定义目前没有统一标准，但大体呈现低可探测、高速、智能、集群等特点。目前，多个国家都在独立或者联合研发第六代战机，呈现你追我赶的局面。2023年12月，日本、英国、意大利三方签署研发协议，计划2035年之前共同建造出第六代战机，其具备与无人机和卫星等进行网络协作的能力。

（8）临近空间飞行器技术。临近空间飞行器是指能在临近空间（距地面20~100公里的空域）作长期、持续飞行的飞行器。它具有航空、航天飞行器所不具有的优势，在通信保障、情报收集、预警等方面极具潜力，引起各军事强国广泛关注。2023年7月，英国BAE公司成功完成了高空伪卫星无人飞行系统的平流层飞行试验。

（9）新材料技术。新材料技术是按照人的意志，通过物理研究、材料设计、材料加工、试验评价等一系列研究过程，创造出能满足各种需要的新型材料技术。2023年2月，印度理工学院研究人员研制出一种人造材料，能够吸收各个方向的雷达电磁波，宽频雷达电磁波吸收率超过90%。8月，俄罗斯彼尔姆国立研究大学研究人员发明了一种多功能碳纤维复合材料，可使无人机强度大、质量轻，具有雷达隐身功能。

8.《中国科学报》：2023年度十大"科学"谣言

2024年1月21日，"智止流言　探求真知——2023年度'科学'流言求真榜"在北京揭晓。

（1）基因检测能"剧透"孩子天赋。检测机构说的基因位点与天赋关联的准确率可以达到99.7%，是没有依据的。

（2）中国科学家测定月球年龄为20.3亿年。科学界普遍认为，月球的实际年龄在40亿年以上，且接近45亿年。

（3）航天员不能是近视眼，因为太空中不能戴眼镜。目前低度近视也是被允许进入太空的。在飞行任务的上升段，存在火箭震动、过载等复杂情况，如果航天员佩戴框架眼镜，可能会导致碰撞等问题，所以航天员在该阶段不会佩戴框架眼镜（可佩戴隐形眼镜）。空间站环境相对稳定，可以正常佩戴框架眼镜。

（4）电水壶烧的水损伤神经还致癌。电热水壶的制作材料中虽然含有锰，但其是以致密组织存在的，日常煮水很难解析出来——即便是持续翻煮1000小时以上，能析出的锰元素也是很有限的，对人体的影响基本可忽略不计。

（5）网红"防猝死套餐"可以预防猝死。医学上不存在标准的"防猝死套餐"组合。辅酶Q10、鱼油等均属于保健品，目前没有医学指南或共识表明服用这类保健品能有效预防猝死。

（6）睡光板床可以治疗腰椎病。人体正常脊柱生理结构有4个生理弯曲，即颈曲、胸曲、腰曲和骶曲。如果床垫过于柔软，则不能提供适当的脊柱支撑；而床垫太硬，则会过度依赖肩、髋支撑，同样会造成脊柱扭曲；中软床（硬板床）能够更好地适应人体曲线，脊柱扭曲最小。

（7）身份证会被手机消磁。目前广泛使用的第二代身份证采用的是无线射频识别技术，内部根本没有磁条，也就不存在被手机"消磁"的情况。

（8）食用含碘盐可预防核辐射。我国食盐加碘的目的是防治碘缺乏病。如果过量摄入，会对人体各个脏器造成严重的负担，会诱发或加重心脑血管疾病以及慢性肾病。

（9）相机像素越高，拍出的照片越清晰。相机成像效果由镜头和机身共同决定，不能单纯追求高像素，相机像素与照片清晰度之间的关系并不绝对。

（10）"倒挂控水法"能救溺水者。溺水者的呼吸道内通常只有少量的水，水会被肺泡吸收，导致气体交换功能受损、肺部损伤和血液中氧气不足（低氧血症）。倒挂控水并不能补充溺水者血液中的氧气，控出的水也大部分为食道和胃脏中的水。对于已经发生心跳呼吸停止的溺水者，科学的施救方法是及早开始心肺复苏术。

9. 2023年度吴阶平医学奖、吴阶平医药创新奖颁奖

2023年10月11日，吴阶平医学基金会公布2023年度吴阶平医学奖、吴阶平医药创新奖获奖者名单。据称，该奖持续关注临床医生。2023年度吴阶平医学奖分别授予中国工程院院士、海军军医大学第二附属医院廖万清教授和中国工程院院士、中国人民解放军总医院付小兵教授。2023年度吴阶平医药创新奖分别授予病毒学专家、中国医学科学院北京协和医学院王健伟教授，口腔医学专家、华中科技大学同济医学院陈莉莉教授，血液学专家、上海交通大学医学院附属瑞金医院赵维莅教授，以及药物化学专家、四川大学华西药学院秦勇教授。

四 2024年科技展望

1. 新华社：2024年科技大事展望

（1）访星探月问苍穹。月球仍是2024年太空探测的重点。美国航天局计划不早于2024年11月执行"阿耳忒弥斯2号"载人探月任务，4名宇航员将搭乘美国新一代登月火箭"太空发射系统"及

"猎户座"飞船进行绕月飞行；美国航天局新一代月球车"挥发物调查极地探索车"拟于2024年年底在月球南极着陆，执行为期100个地球日的探索月球水冰资源任务。

中国探月工程嫦娥六号任务计划开展人类首次月球背面采样返回。为顺利完成月球背面航天器与地球间的通信，新研制的鹊桥二号中继通信卫星拟于2024年上半年发射（已于3月20日发射成功，编者按）。日本宇宙航空研究开发机构的小型登月探测器SLIM于2023年年底进入环月球运行轨道，于2024年1月20日在月球表面着陆。

私人企业也争相将探测器送上月球，竞逐"首家登陆月球的私企"头衔。美国航天机器人技术公司计划2024年1月借助美国联合发射联盟公司新研发的"火神半人马座"火箭发射"游隼"月球着陆器（已在南太平洋上空烧毁，编者按）。美国"直觉机器"公司拟于2024年2月中旬发射Nova-C月球着陆器（已成功着陆，编者按）。

深空探索领域，定于2024年10月发射的美国航天局"欧罗巴快帆船"探测器将对木星卫星木卫二进行详细的科学调查。科学家预测，木卫二的冰壳下存在巨大的咸海，可能含有维持生命所必需的物质。同样值得期待的航天项目还包括美国太空探索技术公司新一代重型运载火箭"星舟"试验发射、美国波音公司新一代载人飞船"星际客机"首次载人试飞、美国"火箭实验室"公司的金星探测任务等。此外，美国航天局和日本宇宙航空研究开发机构计划2024年夏天发射首颗木制外壳卫星。

（2）人工智能广赋能。以ChatGPT为代表的生成式人工智能已带来颠覆性体验，和人类聊天、撰写论文、编程写代码、创作音乐均"不在话下"。美国OpenAI公司计划2024年发布下一代人工智能模型GPT-5，谷歌公司人工智能模型"双子座"的最新版本也备受关注。

英国"深度思维"公司人工智能工具"阿尔法折叠"的新版本定于2024年发布，该工具能以原子精度模拟蛋白质、核酸和其他分子之间的相互作用，助力药物研发。测试人工智能能否用于肺癌早期诊断的临床试验也有望在2024年得出结果。

量子计算与超级计算机的发展将为人工智能提供强大支撑。2024年，量子计算有望从理论走向实际应用。多台算力强大的超级计算机也将投入使用，如欧洲首台百亿亿次超级计算机"木星"，美国的百亿亿次超级计算机"极光"和"酋长岩"。全面模拟人脑网络的超级计算机"深南"定于2024年4月在澳大利亚投用，这台神经形态超级计算机每秒能进行228万亿次突触操作，与人类大脑的估计操作次数相当。

人工智能在提高效率和便利性的同时也带来监管挑战，不少国家和地区已陆续出台相关法规。联合国"人工智能高级别咨询机构"定于2024年发布一份最终报告，为人工智能的国际监管制定指导方针。同样带来伦理风险和治理挑战的还有脑机接口技术。美国企业家埃隆·马斯克旗下的脑机接口公司"神经连接"2024年将开始为人类志愿者植入脑机接口设备。在"人工智能+"时代，脑机接口与人工智能的融合值得期待，也引发担忧。

（3）绿色科技成潮流。世界气象组织数据显示，2023年是有记录以来最热的一年。然而，这一纪录2024年就可能被打破。美国《科学》杂志网站1月3日发布2024年值得关注的十大科学主题，位列第一的就是厄尔尼诺现象从2023年延续至2024年，可能加剧气候变化，使全球平均气温首次超过工业化前水平1.5℃。因此，绿色科技的拓展和应用格外受到重视。据国际能源署预测，2024年全球可再生能源发电量将首次超过总发电量的三分之一。

中国在大力开发新能源方面走在世界前列，国家能源局2023年年底的最新数据显示，中国可再生能源占全国发电总装机已超过50%。中国还与许多发展中国家分享经验技术。据报道，在南非北开普省，由中国企业承建的红石100兆瓦塔式光热太阳能项目预计2024年完工。

在清洁电力应用场景，交通领域已掀起电动汽车热潮，而在2024年，电动垂直起降航空器有望成为新亮点。在1月9日开幕的美国拉斯维加斯消费电子展上，韩国现代汽车集团计划展出"空中的士"概念产品。巴西航空工业公司2023年宣布建造"飞行车"工厂，并计划2024年试飞。电动垂直起降航空器此前已有一定程度发展，上述昵称显示了人们对它寄予的厚望。

直接从大气中分离二氧化碳的碳捕集与封存技术，代表了人类应对气候变化的另一个努力方向。2024年7月，"碳捕集峰会"在荷兰召开，相关业界人士集中探讨这类技术的发展模式和经济价值。2024年的联合国气候变化大会将于11月在阿塞拜疆首都巴库举办，各方将继续就如何采取切实行动、共同推动全球绿色低碳可持续发展等议题展开讨论。

2. 深科技（DeepTech）：2024年生物医药技术趋势展望

底层技术、临床试验、产业化三大脉络并进，拥抱未来健康新征程。DeepTech联合良渚实验室正式发布《2024年生物医药技术趋势展望》研究报告。十项生物医药技术展望，分别从生命科学和生物医药的底层技术、进入临床阶段、已经实现产业化等不同角度进行遴选，最终确定为无细胞合成、类器官芯片、空间组学、脑机接口、靶向蛋白降解嵌合体（PROTAC）、TCR-T细胞治疗、AAV疗法、基因编辑治疗、干细胞药物、治疗性肿瘤疫苗。

（1）**无细胞蛋白合成（Cell-free protein synthesis，CFPS）**。不需要完整的活细胞，就可以在体外受控环境中模拟整个细胞的转录和翻译过程，实现蛋白质的高效快速合成，将成为合成生物学未来研究的新范式。

（2）**类器官芯片（Organoids-on-a-chip）**。整合了类器官与器官芯片的优势特点，集成多种功能结构单元，如类器官培养腔、微流控、执行器、生物传感器等，从而形成高通量、高仿生的器官生理微系统。

（3）**多种空间组学技术**。在过去几年进入大众视野。三大组学视角，即空间转录组（Spatial Transcriptomics）、空间蛋白组（Spatial Proteomics）、空间代谢组学（Spatial metabolomics），提供从基因表达到功能性蛋白质，再到细胞代谢层面的生物信息图谱，帮助人们更完整地理解细胞状态、功能与生长过程及其分子调控机制。

（4）**脑机接口（Brain-Computer Interface，BCI）**。是一种全新通信和控制技术系统，它建立了人脑与计算机或其他外部设备之间的直接通信桥梁，而不依赖于常规大脑信息输出通路，如外周神经和肌肉组织。脑机接口旨在捕捉到大脑活动的模式和信号，并将其转换成控制外部设备的指令或实现与计算机系统的交互。脑机接口的信息传递是双向的，既能从大脑传递信息到计算机，进而操控与之连接的外部设备，又能从计算机传递信息到大脑，用电信号刺激脑神经。

（5）PROTAC。是一种特异双功能分子，由三部分组成：用于结合目标蛋白的配体（POI ligand）、能够招募E3连接酶的配体（E3 ligand）以及将二者相连的连接子（Linker）。PROTAC分子一端连接目标蛋白，一端连接E3，拉近目标蛋白与E3的距离，引起目标蛋白的多聚泛素化，使得目标蛋白被蛋白酶体识别并降解。脱离的PROTAC进入下一个降解循环而发挥降解目标蛋白的作用。

（6）TCR-T。因能够识别肿瘤表面抗原及肿瘤内部抗原而更适用于治疗实体瘤，已然成为当下热门赛道之一。目前，全球TCR-T细胞治疗尚处于临床研究阶段，首款产品有望于2024年上市。

项目	TCR-T	CAR-T
识别抗原类型	细胞表面或者胞内抗原皆能被识别	肿瘤表面抗原
识别抗原定位	对低水平变异的胞内抗原也可以超敏感识别	不能识别将近90%的细胞内蛋白
MHC依赖性	依赖	非依赖
能否在体内扩增	依赖于抗原递呈细胞	存在信号转导分子，可自主复制

TCR-T和CAR-T在抗原识别方面的差别。来源：DeepTech整理

（7）腺相关病毒（Adeno-associated virus，AAV）。是目前最常用的递送载体之一。目前，许多病毒载体已用于基因治疗药物的递送，应用于超过1000项临床试验中。绝大多数的基因治疗药物都采用AAV为递送载体，小部分临床前试验中使用了慢病毒或腺病毒为递送载体。作为递送基因疗法的有力工具，AAV载体的开发和制造也成为基因治疗药物研发的关注焦点之一。全球已经有7款AAV基因治疗产品获批上市，适应症涵盖眼科疾病、代谢类疾

病、神经类疾病、骨骼肌疾病、血液疾病等。

AAV基因疗法	研发企业	首次获批时间	适应症
Glybera	uniQure	2012-10欧盟 2017年退市	脂蛋白脂肪酶缺乏症
Luxturna	Spark Therapeutics	2017-12美国	遗传性视网膜疾病
Zolgensma	Novartis	2019-05美国	治疗2岁以下脊髓性肌萎缩症
Upstaza	PTC Therapeutics	2022-07欧盟	芳香族L-氨基酸脱羧酶缺乏症
Roctavian	BioMarin Pharmaceutical	2022-08欧盟	严重血友病A成人患者
Hemgenix	uniQure	2022-11美国	血友病B成人患者
Elevidys	Sarepta Therapeutics	2023-06美国	杜氏肌营养不良儿童

全球获批上市的AAV基因治疗药物。来源：DeepTech整理

（8）**基因编辑疗法**。是指利用基因编辑工具对个体的基因组进行精确的编辑和改造，纠正错误的基因，以治疗与基因相关的疾病。由于基因编辑带来的改变可以持续影响基因的表达，因而基因编辑疗法有望为目前无法根治的遗传疾病带来永久治愈的可能性。目前，应用最多的基因编辑工具就是2013年获得诺贝尔化学奖的CRISPR-Cas9。

（9）**干细胞（Stem Cell）**。是一类具有自我更新能力的多潜能细胞，即干细胞保持未分化状态和具有增殖能力。在合适条件或合适信号的诱导下，能够产生表现型与基因型和自己完全相同的子细胞，也能产生组成机体组织、器官的已特化的细胞，同时还能分化为祖细胞，医学界称其为"万能细胞"。干细胞具有自我更新、多向分化潜能、旁分泌效应和归巢效应等特点。

（10）**治疗性肿瘤疫苗**。是指通过诱导或增强机体针对肿瘤抗原的特异性主动免疫反应，从而达到控制和杀伤肿瘤细胞、清除

微小残留病灶以及建立持久的抗肿瘤记忆等治疗作用的一类疗法。筛选合适的肿瘤抗原成为设计治疗性肿瘤疫苗的关键之一。目前主要研究的肿瘤抗原分别为肿瘤相关抗原（tumor-associated antigen，TAA）和肿瘤特异性抗原（tumor specific antigen，TSA）。

3.《麻省理工科技评论》：2024年"十大突破性技术"

2024年"十大突破性技术"榜单，依旧重点关注那些有望对世界产生真正影响的有前途的技术。这些技术展示出的无限的可能性，描绘出了一个更加绿色、健康、智能的未来。

（1）无所不在的人工智能。

重大意义：像ChatGPT这样的生成式人工智能工具在短时间内大规模普及，彻底改变了整个行业的发展轨迹。如此激进的新技术，以前所未有的速度和规模从产品原型演变为消费产品。2023年对未来的影响却是显而易见的：让数十亿人接触到了人工智能。

主要参与者：谷歌、Meta、微软、OpenAI

成熟期：现在

（2）首例基因编辑治疗。

重大意义：随着CRISPR技术进入市场，镰状细胞病是首个被CRISPR战胜的疾病。11年前，科

2024年"十大突破性技术"。
来源：《麻省理工科技评论》

学家们首次开发出了一种名为CRISPR的强大的DNA剪切技术。但2022年，总部位于美国波士顿的福泰制药（Vertex Pharmaceuticals）第一次将一种CRISPR疗法提交至监管机构批准，这种疗法就是针对镰状细胞病的。在骨髓经过编辑后，几乎所有自愿参加试验的患者都不再感到疼痛。但基因编辑疗法的预计价格为200万至300万美元。在连基本健康需求都难以满足的国家，该手术的要求显得过于苛刻。因此，接下来可能会出现更简单、更便宜的实施CRISPR疗法的方案。

主要研究者：CRISPR Therapeutics、Editas Medicine、Precision BioSciences、福泰制药（Vertex Pharmaceuticals）

成熟期：现在

（3）热泵。

重大意义：热泵是一项已经成熟的技术。现在，它们开始在家庭、建筑以及制造业脱碳方面取得真正的进展。改用由可再生能源驱动的热泵可以帮助家庭、办公室和工业设施大幅减少碳排放。自2010年以来，中国和日本合计占热泵技术新专利申请的一半以上。新方法使热泵能够达到更高的温度。例如，对于食品加工和造纸所需的蒸汽，新的热泵技术可以使用电力达成这一目标，从而让工业制造的过程更加清洁。到2030年，热泵有望减少全球5亿吨碳排放，相当于今天欧洲所有汽车的总排放量。这需要安装大约6亿台热泵，约占全球所有建筑物供暖需求的20%。

主要参与者：Daikin、Mitsubishi、Viessmann

成熟期：现在

（4）推特"杀手"。

重大意义：数百万人逃离了推特"小蓝鸟"，转而涌向去中心化的社交媒体平台。在过去的17年里，几乎所有的喧闹、暴躁、有趣、可怕、瞬息万变、永无休止的全球对话都有一座中心广场，那就是推特（Twitter）。但随后埃隆·马斯克（Elon Musk）收购了推特，将其更名为X，解雇了大部分员工，并或多或少地取消了其审核和验证系统。他建立了一个新的收益机制，激励创作者传播、放大谎言和政治宣传相关的内容。许多人已经开始寻找替代服务（商），最好是一种超出任何个人控制范围的服务（商）。据Sameweb（流量估算工具）统计，如今已更名的X流量同比下降了近20%。来自Apptopia（专注于移动领域的市场调研公司）的另一项研究发现，X的每日活跃用户数量从1.41亿减少到1.2亿。与此同时，Mastodon、Bluesky和一些Nostr客户端等去中心化服务的社交媒体受欢迎程度激增。但来自Meta的Threads才是最大的赢家。那么，真正"杀死了"推特的人是谁？当然是埃隆·马斯克。

主要参与者：Bluesky、Discord、Mastodon、Nostr、Threads

成熟期：现在

（5）增强型地热系统。

重大意义：这种先进的开采技术可以在更多地方释放地热的潜能。地热发电在全球可再生能源总发电量的占比不足1%。但一项新兴技术可以让我们更多地利用脚下的热量。Fervo Energy公司于2023年在美国内华达州测试了一套此类系统，并证明了它的商业可行性。该公司正在美国犹他州建设另一个项目，目标是到2026年提供持续的清洁电力。Fervo Energy还希望利用增强型地热技术来制造用于电网的巨型地下电池。其他几家公司和实验室正在推进该领域的项目试点和研究工作。总部位于华盛顿的AltaRock Energy正在开发专门的技术，来获取极热的岩石里的地热能，这可以显著提高发电量。由美国能源部资助的犹他州 FORGE 实验室正在打一口地热井，可作为增强型地热技术的示范项目。

主要参与者：AltaRock Energy、Fervo Energy、Utah FORGE Lab

成熟期：3至5年

（6）减肥药。

重大意义：减肥药物广受欢迎且有效，但其对健康的长期影响仍然未知。三分之一的美国成年人患有肥胖症，这使他们更容易患上心脏病、糖尿病和癌症。抗肥胖药物（例如Wegovy和Mounjaro）可以帮助解决这一公共卫生危机。2023年11月，美国食品和药物管理局批准了礼来公司用于治疗肥胖症的糖尿病药物Zepbound。大约有70种新的肥胖症疗法正在开发中，其中6种正在等待监管审查。未来一年，随着需求猛增，预计将有更多公司进入试验的最后阶段并寻求批准。

主要参与者：Eli Lilly、Novartis、Novo Nordisk、Pfizer、Viking Therapeutics

成熟期：现在

（7）芯粒技术。

重大意义：芯片制造商押注更小、更专业的芯片可以延长摩尔定律的寿命。几十年来，芯片制造商通过缩小晶体管的体积，并将更多晶体管布置到芯片上来提高性能。这种趋势又被称为摩尔定律。但属于摩尔定律的时代正在走向终结，进一步缩小晶体管和制造复杂芯片的成本非常高昂。为此，制造商正在转向更小、更模块化的芯粒（小芯片），这些芯粒专为存储数据或处理信号等特定功能而设计，并且可以链接在一起构建出完整的计算系统。芯片越小，包含的缺陷就越少，制造成本也越低。到目前为止，由于缺乏封装技术标准，芯粒的应用一直困难重重。不过这种情况正在发生变化，业界已经开始采用名为Universal Chiplet Interconnect Express的开源标准。理论上，这种标准将使不同公司生产的芯粒更容易组合起来，从而让芯片制造商在人工智能、航空航天和汽车制造等快速发展的领域获得更大的发展空间。

主要参与者：AMD、Intel、Universal Chiplet Interconnect Express

成熟期：现在

（8）超高效太阳能电池。

重大意义：将传统的硅材料与先进的钙钛矿材料结合起来的太阳能电池，可以将光伏发电的效率推向新的高度。2023年11月，一项热门的太阳能技术打破了太阳能电池效率的世界纪录。之前的世界纪录只保持了大约五个月，而且很可能用不了多久就会被再次打破。这种惊人的效率提升，来自一种特殊的下一代太阳能技术：钙钛矿层叠太阳能电池。这些电池由传统的硅材料与具有独特晶体结构的材料相结合而成。当今，太阳能市场95%的份额都被硅电池所占据，而钙钛矿吸收的光波长与硅电池吸收的光波长不同。硅基电池的技术效率水平最高不超过30%，而纯钙钛矿电池的实验效率可达26%左右。但钙钛矿层叠电池在实验室中的效率已经超过33%，这就是该技术的诱人前景。2023年5月，总部位于英国的Oxford PV公司表示，其商业规模的钙钛矿层叠电池的效率已达到28.6%，该电池比实验室中测试所使用的电池大得多。该公司计划在2024年交付第一批电池板并扩大生产规模，而其他公司可能会在未来数年里推出类似产品。

主要参与者：Beyond Silicon、Caelux、First Solar、Hanwha Q Cells、Oxford PV、Swift Solar、Tandem PV

成熟期：3至5年

（9）苹果Vision Pro。

重大意义：Micro-OLED技术已经发展了十多年，但苹果Vision Pro将是这项技术迄今为止能力最引人注目的应用。历史上充斥着失败的"人脸计算机"、谷歌眼镜、微软HoloLens，甚至Meta的Quest系列都未能真正成功。现在，轮到苹果来尝试了。预计在2024年晚些时候，苹果将正式推出其首款混合现实穿戴设备，全新的Vision Pro头显。苹果公司在2023年6月的年度开发者活动上展示了这款头显（被称为"空间计算机"），将其营销为观看电影、体验照片、与他人联系，甚至是阅读和创作的更好方式。然而，一个关键问题是：人们将用它来做什么？另一个问题是：人们真的会戴它吗？

主要参与者：苹果公司

成熟期：2024年

（10）百亿亿次计算机。

重大意义：每秒能够处理百亿亿次运算的计算机正在扩大科学家模拟的极限。随着美国田纳西州橡树岭国家实验室推出Frontier，百亿亿次运算的时代正式开始。更多这样的百亿亿次计算机很快就会加入其中。欧洲第一台百亿亿次超级计算机Jupiter预计将于2024年年底上线。同时，中国也拥有百亿亿次超算。但一个巨大的挑战迫在眉睫：能源消耗。Frontier已经采用了创新的节能技术，但它即使在待机时的耗电，也足以满足数千个家庭的用电量。工程师需要弄清楚，在建造这些庞然大物的时候，如何才能既追求速度又保证环境的可持续性。

主要参与者：美国橡树岭国家实验室、德国于利希超级计算

中心、中国无锡超级计算中心

成熟期：现在

4.《自然》：2024年最值得关注的七大技术

（1）用于蛋白质设计的深度学习。基于序列的方法，通过将蛋白质序列视为包含多肽"单词"的文档，这些算法可以辨别真实世界蛋白质架构剧本背后的模式。

（2）Deepfake检测。许多人工智能生成的与以色列—哈马斯冲突有关的"深度伪造"图像和音频，人工智能用户制作欺骗性内容，而媒体取证专家则致力于检测和拦截它。

（3）大片段DNA插入。2023年年底，美国和英国监管机构批准了首个基于CRISPR的基因编辑疗法，用于治疗镰状细胞病和输血依赖性地中海贫血β——这是基因组编辑作为临床工具的重大胜利。

（4）脑机接口。在大脑中植入电极来跟踪神经元活动，然后训练深度学习算法将这些信号转化为语音。

（5）超分辨技术。一种可以以原子级分辨率重建蛋白质结构的方法。该方法可以使用专门的光学显微镜以2.3万亿的精度（大约四分之一纳米）解析单个荧光

脑机接口技术使帕特·贝内特（坐着）恢复了她的语言能力。来源：Steve Fisch/斯坦福医学

标记。

（6）细胞图谱。人类细胞图谱（HCA）包括近100个国家的约3000名科学家，使用来自10000名捐赠者的组织。"多组学"方法允许科学家同时分析同一细胞中的多个分子类别，包括RNA的表达、染色质的结构和蛋白质的分布。

（7）3D打印纳米材料。使用光聚合法组装纳米结构的速度比其他纳米级3D打印方法快大约三个数量级。并非所有材料都可以通过光聚合直接打印，例如金属，但是一种将光聚合水凝胶用作微尺度模板的方法。然后将它们注入金属盐，并以一种诱导金属呈现模板结构同时收缩的方式进行加工。许多光聚合方法中使用的基于脉冲激光的系统成本高达50万美元，但更便宜的替代品正在出现。

5. 中国科协：2024年十大前沿科学问题、十大工程技术难题和十大产业技术问题

2024年7月2日，在广西南宁举办的第二十六届中国科协年会上中国科协发布2024年十大前沿科学问题、十大工程技术难题和十大产业技术问题。

（1）2024年十大前沿科学问题。

1）情智兼备数字人与机器人的研究。推荐单位：中国图象图形学学会

2）以电—氢—碳耦合方式协同推进新能源大规模开发与煤电绿色转型。推荐单位：中国电机工程学会

3）对多介质环境中新污染物进行识别、溯源和健康风险管控。推荐单位：中国环境科学学会

4）作物高光效的生物学基础。推荐单位：中国农学会

5）多尺度非平衡流动的输运机理。推荐单位：中国力学学会

6）实现氨氢融合燃料零碳大功率内燃机高效燃烧与近零排放控制。推荐单位：中国汽车工程学会

7）中国境内发现的古人类是否为现代中国人的祖先。推荐单位：中国古生物学会

8）通过耦合与杂化实现柔性材料的功能涌现。推荐单位：中国化工学会

9）人类表型组微观与整体的复杂关联及其机制解密。推荐单位：中国认知科学学会

10）肿瘤微环境中免疫抑制因素与免疫疗法的互作及机制研究。推荐单位：中国高等教育学会

（2）2024年十大工程技术难题。

1）工业母机精度保持性的快速测评。推荐单位：中国机械工程学会

2）大尺寸半导体硅单晶品质管控理论与技术。推荐单位：中国自动化学会

3）高地震烈度区复杂地质条件下高拱坝的安全可靠性研究。推荐单位：中国大坝工程学会

4）冰巨星及其卫星就位探测飞行器技术研究。推荐单位：中国宇航学会

5）介科学支撑多相反应器从实验室到工业规模的一步放大。推荐单位：中国化工学会

6）深远海海上综合能源岛建设关键问题研究。推荐单位：中国水力发电工程学会

7）空间多维组学引航下一代分子病理诊断革新。推荐单位：

中国神经科学学会

8）基础设施领域自主工程设计软件问题。推荐单位：中国公路学会

9）以高通量多模态的方式实现脑机交互。推荐单位：中国生物工程学会

10）通过高效温和活化转化及大规模利用二氧化碳实现生态碳平衡。推荐单位：中国化工学会

（3）2024年十大产业技术问题。

1）通过精准化学实现药物和功能材料的绿色制造。推荐单位：中国化工学会

2）采用清洁能源实现低成本低碳炼铁。推荐单位：中国金属学会

3）云网融合技术在卫星互联网中的应用。推荐单位：中国宇航学会

4）基于数字技术的碳排放监测方法研究。推荐单位：中国通信学会

5）自主可控高性能GPU芯片开发。推荐单位：中国图象图形学学会

6）饲料原料豆粕玉米替代的产业化关键技术突破。推荐单位：中国粮油学会

7）构建珍稀濒危中药材的繁育技术体系及其可持续开发利用。推荐单位：中华中医药学会

8）高端芯片制程受限背景下实现高速大容量光传输技术可持续发展的路径。推荐单位：中国电信科学技术协会

9）应用AI眼底血管健康技术促进相关代谢疾病分级诊疗。推

荐单位：中华医学会

10）基于CTCS的市域铁路移动闭塞系统的突破。推荐单位：中国铁道学会

五 中国在世界科技格局中的表现

1. 英伟达定律

量子位2024年6月2日消息，英伟达创始人黄仁勋在中国台湾大学带来Computex和新一代GPU进行演讲，在英伟达新架构Blackwell宣布不过3个月，他就把后三代路线图全公开了：2025年Blackwell Ultra，2026年新架构Rubin，2027年Rubin Ultra。这就像做iPhone一样造芯片。到这一代Blackwell为止，英伟达已经把AI模型有效扩展到万亿参数，还给Token定了个译名：词元。1.8万亿参数GPT-4的训练能耗，8年降低至原来的1/350；推理能耗，8年降低至原来的1/45000。这似乎是在书写自己的英伟达定律（买得越多，省得越多；The more you buy, the more you save），而把摩尔定律抛在了一边。

2.《2023年中国科技论文统计报告》发布

新华社2023年10月1日电，中国科学技术信息研究所发布《2023年中国科技论文统计报告》，截至2023年7月，中国热点论文数量为1929篇，相比2022年统计数据增加了6.7%，全球占比为45.9%，保持世界第一的位置。美国热点论文数量为1592篇，位居世界第二。其中，我国高被引论文数量继续保持全球第二，总

量占比提升3.5%，总数为5.79万篇，占世界总量的30.8%；第一名则仍是美国，高被引论文总数为7.66万篇，占世界总量的40.7%。此外，2022年中国在各学科最具影响力期刊上发表的论文总数为16349篇，占世界总量的30.3%，首次超越美国排名世界第一。

3.《中国科技人才发展报告（2022）》发布

澎湃新闻报道，2023年12月15日，《中国科技人才发展报告（2022）》（以下简称《报告》）在北京发布，我国研发人员全时当量（为国际通用的比较科技人力投入的指标）由2012年的324.7万人年提高到2022年的635.4万人年，稳居世界首位。国家重点研发计划参研人员中45岁以下科研人员占比超过80%。《报告》是本系列报告第5次出版，科技部每两年组织编写出版一次。《报告》指出，我国科技人才发展体制机制改革更加深入。比如，相关部门和地方从开展科技人才评价改革试点、完善人才分类评价机制、创新多元评价方式、科学设置评价周期等方面，深化科技人才评价改革；从提高间接经费比例、加大绩效工资激励力度、探索多元化的高层次人才薪酬分配方式等方面，完善科技人才激励机制；从扩大科研项目经费管理自主权、建立健全科研助理制度、开展减轻青年科研人员负担专项行动等方面，为科研人员"松绑减负"。

4. 中国正从开源大国迈向开源强国

《广州日报》消息，在2024年6月18日开幕的2024首届中国智能汽车基础软件生态大会暨第三届中国汽车芯片高峰论坛上，中国工程院院士倪光南表示，据统计，中国开源项目已成为世界第二，但考虑到人口基数，中国目前的开源还远远不够。"中国应该往前赶，从开源大国成为开源强国。"当前中国代码仓库贡献量已经达到1900万，开发者人数达到800万，位居全球第二，仅次于美国。中国2020年开源项目数已达到1500万以上，行业代码库开源占比大多在80%左右。同时，中国的开源新用户增长速度世界第一。

5. 中国内地29所大学进入全球500强

国际高等教育研究机构QS于2023年6月28日正式发布第20版世界大学排名，数据显示，共132所亚洲高校进入全球500强。本次排名覆盖来自104个高等教育系统的1500所大学，对1750多万篇学术论文和来自超过24万名学者与雇主的专业意见进行了分析。北京大学是中国内地高校中唯一一所位于全球前20的院校，排在全球第17位。中国内地29所高校进入全球500强，分别为北京大学、清华大学、浙江大学、复旦大学、上海交通大学、中国科学技术大学、南京大学、武汉大学、同济大学、哈尔滨工业大学、北京师范大学、华中科技大学、天津大学、西安交通大学、南方科技大学、中山大学、北京理工大学、四川大学、山东大学、南开大学、华南理工大学、厦门大学、北京科技大学、中南大学、东南大学、北京航空航天大学、电子科技大学、大连理工大学、湖南大学。另外，香港有6所、澳门有1所、台湾有7所进入全球500强高校。

6. 中美AI巨头的价值战对决价格战

2024年5月中旬的3天之内，全球AI领域经历了一场科技竞赛——OpenAI、谷歌以及字节跳动三大科技巨头，轮番举办AI发布会并亮出底牌。中美AI行业仿佛来到了十字路口：一边是用技术突破想象，另一边是用低价掀起价格战。

织，积极筹备亚洲仿真联盟、世界公众科学素质组织等组织，相关全国学会和省级科协正在深空探测、绿色能源、先进材料等领域开展国际科技组织设立前期工作。中国科协还积极引导新发起设立的在华国际科技组织大力发展国际会员，参与多边机制和国际技术标准制定；会同相关部委、地方加大政策供给，优化国际科技组织在华发展环境。北京、上海等地积极推动国际科技组织集聚区建设，北京已累计吸引8家国际组织入驻。

国内外最新科技动态

第二篇

一 芯片与人工智能

（一）比较与趋势

1. 全球半导体厂商最新排名

半导体行业观察2024年4月21日报道，市场研究机构TechInsights公布了2023年排名前25名的半导体供应商。美国仍在榜单中占据主导地位，中国、韩国和日本居前。前25名中，中国有4家，分别是台积电（第1）、联发科（第14）、联电（第22）和中芯国际（第24），其中3家位于中国台湾。日本有3家，分别是索尼（第17）、瑞萨（第18）和铠侠（第23）。韩国主要是三星（第3）和SK海力士（第7）这两家，他们在存储领域具有很强的实力。英飞凌（第9）、意法半导体（第10）和恩智浦（第15）是欧洲的三驾马车。欧洲是2023年唯一实现增长的地区。中国是半导体行业最大的销售市场。

2. 英伟达超越苹果成为美国第二大上市公司

华尔街见闻2024年6月6日消息，英伟达市值首次突破3万亿美元大关，成为继苹果和微软之后第三家市值破3万亿美元的公司。英伟达作为AI领头羊，自2022年年底OpenAI发布ChatGPT以来，股价涨势显著加速。截至6月6日，英伟达股价涨超150%，2023年累涨200%左右，过去5年累涨超3300%。6月上旬英伟达股价飙涨得益于公司CEO黄仁勋在最近行业会议上的声明。他宣布，公司计划在2025年推出Blackwell芯片的高性能版本Blackwell Ultra，并在2026年推出全新的AI芯片平台Rubin，Rubin的Ultra版本将在2027年首次亮相。作为AI芯片和集成软件的顶级供应商，英伟达的产品被亚马逊、谷歌、Meta、微软、特斯拉等众多科技巨头广泛采用，用于支持其云AI产品以及自身的AI模型和服务。

3. ASML市值超越LVMH成为欧洲第二大上市公司

华尔街见闻报道，2024年6月5日，阿斯麦（ASML）市值突破4100亿美元。这一涨幅使得阿斯麦在欧洲市场上的市值仅次于诺和诺德，成为第二大上市公司，并首次超越了奢侈品巨头LVMH。荷兰光刻机制造商ASML近期表示，将在2024年向公司头号大客户——台积电交付其最新的高数值孔径极紫外线光刻机。这款设备是ASML迄今为止最尖端的产品，其每台高达3.5亿欧元的售价也显示了其在行业中的高端地位。据称，台积电将在2025年下半年提高下一代2纳米芯片的产量。

4. 台积电美股创历史新高

华尔街见闻2024年6月6日消息，荷兰光刻机制造商ASML日前表示，将在2024年向台积电交付其最新的高数值孔径极紫外EUV。但台积电表示，新机器价格太贵，而且最新制程仍然可以依赖旧版EUV。同时，台积电还表示，可能对人工智能芯片代工涨价。在向ASML压价的同时，想对英伟达涨价，台积电美股价因此大涨，创历史新高，盘中最高涨超7%。截至2024年7月8日，该股已涨84%。

5. 美国科技七巨头与中国科技七巨头的比较

上林院2024年6月2日分析，美股"七巨头"（Magnificent 7）的说法最早由美银分析师Michael Hartnett提出，分别是谷歌母公司

Alphabet、亚马逊、苹果、Meta、微软、英伟达和特斯拉，它们的业务主要集中在人工智能、云计算、网络零售、软件服务、电动汽车等领域。科技七巨头总市值超13万亿美元，支撑了美股的长期上涨。目前微软市值3.13万亿美元、苹果市值2.73万亿美元、英伟达市值2.2万亿美元、谷歌市值1.98万亿美元、亚马逊市值1.94万亿美元、Meta市值1.31万亿美元、特斯拉市值5448亿美元，七大科技股总市值为13.83万亿美元，比中国A股所有上市公司市值之和都高。这7家公司的市值相当于全球第二大股市，仅次于美国，相当于日本（6.5万亿美元）、印度（4.4万亿美元）和法国（3.2万亿美元）股市的总和，占到了标普500指数总市值的近三分之一、纳斯达克100指数的50%以上。

对标美股科技七巨头，中国的科技七巨头包括中国台湾的台积电（市值7392亿美元）、腾讯（市值3726亿美元，2021年最高达到9529亿美元）、阿里巴巴（市值1782亿美元，2020年最高超过8800亿美元）；华为（营业收入7042亿人民币）和字节跳动（营业收入1200亿美元）还没有上市，估值上万亿美元；排在其后的是拼多多（营业收入2476亿人民币）和宁德时代（营业收入4009亿人民币）。

6. 未来5年半导体的预测

半导体行业观察2024年5月26日分析，芯片和AI软件设计公司的总收入将在2030年接近1万亿美元。英伟达在8年内实现了并行/矩阵计算的1000倍改进，而摩尔定律在10年内实现了100倍改进。黄仁勋的超越摩尔定律的主张是：你在英伟达上花的钱越多，你节省的钱就越多，你能获得的收入就越多。英伟达不仅仅是一个芯片，还是一个完整的AI平台。它拥有专门的图形处理单元、中央处理器、网络、冷却和软件——它是一个完整的系统软件。英伟达CUDA是迄今为止业界最好的软件，可以提供整个AI数据中心。基本的市场预测是：全球半导体生态系统到2028年将超过9000亿美元，到2030年将接近1万亿美元。2023—2028年的复合年增长率为10%。到2028年，英伟达、台积电、博通和高通四家公司将占此预测中约40%的收入。三星和英特尔通过垂直整合设计和制造来逆势而上。人工智能电脑将缩短电脑的生命周期，不仅会参与Windows的更新，还会改变电脑使用寿命的动态。核心GPU主导地位和AI操作系统都在英伟达这一家公司，从而形成了双头垄断，值得关注。

7. OpenAI创始人6个"更"预测大模型未来

新浪科技2024年5月22日报道，OpenAI创始人奥尔特曼预告了下一代模型将会带来新的模态和整体智能。他预计："模型会变得更智能，更强大，更安全，而且将会速度更快，成本更低。"最重要的是，模型也将会变得更加聪明。另外，作为OpenAI最大的投资方，微软也获得了OpenAI所有AI模型的优先使用权。作为全球第二大云计算厂商，押中了OpenAI的微软同时也是当下增长最快的云厂商。

8. 25位世界顶尖科学家呼吁采取更强有力行动防范AI风险

《科技日报》2024年5月22日报道，这是人类第一次由一个庞大的国际顶尖专家组，就先进AI的风险推进全球政策制定。当以后的人们为人工智能（AI）撰写一部编年史时，这可能是一个里程碑。随着第二届AI安全峰会（5月21日至22日）在韩国首尔举行，25位世界顶尖AI科学家呼吁，全世界应对AI风险采取更强有力的行动。这25位全球顶尖的AI及其治理专家来自美国、中国、欧盟、英国和其他AI技术强国，其中包括图灵奖获得者以及诺贝尔奖获得者。这也是首次由国际专家组就AI风险的全球政策制定达成一致。发表于《科学》的一份专家共识文章建议，各国政府需建立可快速行动的AI监管机构，并为这些机构提供资金。

9. 中国六成算力集中在3个区域

第一财经2024年6月7日报道，京津冀、长三角、珠三角地区算力规模占全国比重近六成，算力枢纽按需布局趋势明显。这主要是由于东部地区实时计算需求增幅较大，实时数据处理仍依赖于本地存力及算力。在近日举行的第七届数字中国建设峰会上，全国数据资源调查工作组（国家工业信息安全发展研究中心）编写的《全国数据资源调查报告（2023年）》发布。这是我国首次对数据资源进行"全面体检"。报告显示，2023年，全国数据生产总量达到32.85泽字节（ZB），相当于1000多万个中国国家图书馆的数字资源总量。与2022年相比，我国数据年产量增长22.44%，其中，和智能网联汽车相关的出行数据，同比增幅达到49%；和工业机器人等智能生产设备相关的制造数据，同比增幅为20%。预计2024年我国数据生产量增长将超过25%。2023年我国算力总规模达到230EFlops，居全球第二位；先进技术、人工智能、5G/6G等关键核心技术不断取得突破，高性能计算持续处于全球第一梯队。2023年，全国数据存储总空间为2.93泽字节，存储空间利用率为59%。从存储位置看，数据云存储占比略低于终端存储，特别是对于行业重点企业，数据终端存储占比超七成，分散存储的现象较普遍，数据互联、复用的难度较大。根据2200多家算力中心的调查数据，2023年我国算力规模同比增长约为30%，其中智能算力占比达到

30%。目前，仍存在海量数据源头即弃、数据存而未用现象较为突出、数据价值外溢效应不足等问题。

10. 英特尔CEO宣称10年后50%的芯片将在美国制造

钛媒体报道，2024年1月17日，芯片巨头英特尔首席执行官基辛格在达沃斯世界经济论坛交流对话表示："目前我们已经看到实施的出口政策。最近我们看到荷兰，特别是美国的政策、日本的政策等。它将（对中国）设置10纳米到7纳米范围内的一个限制基础。而我们正竞相发展低于2纳米，甚至1.5纳米的技术，我们看不到这一趋势的尽头。实际上，我看到这些政策正在实施，而半导体是一个高度互联的行业。蔡司的镜片、ASML的设备组装、日本的化学品和抗蚀剂、英特尔的大规模掩膜制造，所有这些加在一起。我认为这是一个10年的差距，而且我认为这是可持续的。"世界上只有3家公司有能力制造尖端芯片：台积电、三星和英特尔。"一切数字化行为都在半导体上运行。在此之前的50年，石油储备已经定义了地缘政治，而在未来50年里，芯片技术供应链更加重要。""我认为西方国家需要做的一件事是，我们必须重建30年以上的长期研究。人工智能花了40多年才成熟起来，晶体管花了30多年才成熟。"基辛格预测，随着美国、欧盟的"芯片法案"落地实施，10年后50%的芯片将在美国制造。

11. 中国即将量产5纳米芯片

FT中文网2024年2月6日消息，中芯国际和华为计划量产5纳米芯片，该计划有助于中国政府实现芯片自给自足的目标。中国多家龙头芯片企业预计，最早将于2024年生产出下一代智能手机芯片——尽管美国努力限制它们开发先进芯片。据两位知情人士透露，中国最大的芯片制造商中芯国际已在上海建立一些新的半导体生产线，以量产由科技巨头华为设计的芯片。

12. AI、能源转型催动半导体需求

爱集微App，2024年2月15日消息，全球半导体微影设备龙头荷商ASML发布年度报告，乐观表示半导体市场已到达谷底，正出现复苏迹象，但也警告地缘政治紧张和美国可能扩大对中国大陆的出口管制，仍是营运风险。尽管英特尔、德州仪器、英飞凌等半导体大厂已警告2024年销售疲弱，但ASML产品需求为业界指标，因为该公司是全球极紫外光微影设备（EUV）独家供应商，客户包括台积电、三星电子、英特尔等芯片巨擘。中国大陆2023年超越韩国，成为ASML第二大市场，销售占比达26.3%；中国台湾仍稳居冠军，销售占比为29.3%。ASML也提到，竞争对手持续增加，除了较旧型核心业务的传统敌手日商佳能和尼康，非微影设备方面也有美商应材和科磊等劲敌。

13. 中国芯片股有望成"长期赢家"

环球网2024年2月18日讯，美国彭博社文章，对华尔街来说，中国芯片股有望成为"长期赢家"，华尔街一些分析师告诉客户考虑中国本土芯片公司。这是巴克莱和桑福德·伯恩斯坦等华尔街公司的看法，北方华创和海光信息等中国芯片公司有朝一日可能会像应用材料公司和超威半导体等美国同行一样家喻户晓。美国限制获取尖端半导体技术的做法，将促进中国芯片行业为了求生而大力发展，对中国本土企业的投资将在未来几年获得回报。中国已经投入

了超过1000亿美元的资金，巴克莱分析师表示，中国到2025年实现国产芯片自给率达到70%的计划存在挑战，未来5~7年内产量有望翻番。中国作为一个主要半导体参与者的崛起，可能会改变现有的供应链，重塑全球电子行业的劳动分工和人力资本分配。

14. 中国成功研发出"超级光盘"

快科技2024年2月22日报道，上海光机所与上海理工大学等科研单位合作，在超大容量超分辨三维光存储研究中取得突破性进展，全球首次实现PB量级（1PB=1024TB）超大容量光存储。研究团队利用国际首创的双光束调控聚集诱导发光超分辨光存储技术，实验上首次在信息写入和读出均突破了衍射极限的限制，实现了点尺寸为54纳米、道间距为70纳米的超分辨数据存储，并完成了100层的多层记录，单盘等效容量达PB量级。光存储技术具有绿色节能、安全可靠、寿命长达50~100年的独特优势，非常适合长期低成本存储海量数据，然而受到衍射极限的限制，传统商用光盘的最大容量仅在百GB量级。在2021年《科学》发布的全世界最前沿的125个科学问题中，突破衍射极限限制在物理领域高居首位。该超分辨光盘的成功研制在信息写入和读出都突破了这一物理学难题，有助于我国在存储领域突破"卡脖子"障碍，将在大数据数字经济中发挥重大作用，以满足信息产业领域的重大需求。

15. 美英等国发表声明支持6G原则

券商中国2024年2月27消息，格隆汇讯，美英等10国发表联合声明，支持6G原则。参与此次联合声明的国家有：美国、澳大利亚、加拿大、捷克、芬兰、法国、日本、韩国、瑞典和英国。声明称，通过共同努力，我们可以支持开放、自由、全球、可互操作、可靠、有弹性和安全的链接。我们相信，这是为所有人建设一个更加包容、可持续、安全与和平的未来不可或缺的贡献，并呼吁其他政府、组织和利益相关者与我们一起支持和维护这些原则。与此同时，AI-RAN联盟亦于当日在巴塞罗那2024世界移动通信大会上成立，这是由英伟达牵头，为的是技术创新，在即将到来的6G时代抢占更有利的地位。该组织共有11个初始成员，包括三星、ARM、爱立信、微软、诺基亚、英伟达、软银等半导体、电信、软件巨头。他们提出了以下共同原则：保护国家安全的可信技术，安全、韧性、保护隐私，领导全球行业的标准制定和国际合作，实现开放、互操作创新，可负担、可持续与全球联通，频谱与生产制造。

涉及新一代通信技术的另一个联盟也同时成立。为抢攻近百亿美元电信网络商机，AI晶片龙头英伟达（NVIDIA）进攻电信版图，携手亚马逊网络服务公司（AWS）、安谋（ARM）、软银、爱立信、诺基亚、三星电子、微软和T-Mobile等科技巨头成立AI-RAN（无线存取网络）联盟，将AI技术整合到蜂巢网络中，提高网络驱动能力，改造电信基础设施。

16. 视频生成的设计逻辑

36氪2024年3月3日发文称，科技，曾经、正在、也将改变未来。Sora解锁了对多模态视频大模型的新想象，OpenAI再次凭一己之力把多模态视频大模型推向了新的高度。有一个重要的考量维度是视频生成逻辑问题：是image-to-video（图像到视频）路线，即先生成图像，再由图像生成视频；还是video-native（视频原声）的设计概念，即把图像和视频进行统一编码，混合训练。目前，主流的视频模型框架有两种：Diffusion model（扩散模型）和Auto-regressive model（自回归模型），后者就是此前被很多人熟知的GPT模型。一直以来，视频生成模型的主流模型框架一直都未像语言模型一样收敛成一个确定性路线。

	Diffusion model	Auto-regressive model
视频理解	看作一个时空的网格世界	将视频理解为连续帧的序列
编码方式	用3D卷积神经网络Transformer来进行编码	搭配GPT典型的自回归模型来进行编码
生成视频内容	基于扩散模型加噪去噪更好地结构化生成较高质量画质的视频内容	更适合长上下文语境理解天然适配多模态对话的生成方式

Diffusion model与Auto-regressive model的区别。来源：36氪

两大路线的区别在于：Diffusion model（扩散模型）基于扩散模型加噪去噪的机制可以更好地结构化，并生成较高质量画质的视频内容；而 Auto-regressive model（自回归模型）更适合长上下文语境理解，天然适配多模态对话的生成方式。

17. 未来10年算力将再提高100万倍

钛媒体2024年3月10日讯，"英伟达几乎就是地缘政治风险的典型例子。未来10年，英伟达最大的挑战来自技术和市场，其他的挑战还来自工业、地缘政治和社会层面"，3月初，英伟达CEO黄仁勋回到了母校美国斯坦福大学参加活动宣称。黄仁勋坦言，AI技术缩小了人类的技术差距。目前大约有1000万人因为知道如何编程而有工作，这让其他80亿人"落后"，而接下来，如果生成式AI逐渐取代编程的话，编程技术将可能变得不那么有价值了。未来5年内，通用人工智能（AGI）将通过人类测试。包括律师考试、胃肠

病学等专业测试中，AGI都可以发挥关键作用。黄仁勋强调，在未来的10年里，英伟达将会把深度学习的计算能力再提高100万倍，从而让AI计算机不断训练、推理、学习、应用，并持续改进，未来不断将超级AI转变为现实。

18. 美国等科技巨头封锁6G技术

快科技2024年3月11日报道，世界知识产权组织WIPO公布了2023年度全球PCT国际专利申请排名，全球2023年总申请量是27.26万件，同比下降1.8%。中国依然是全球最大的PCT申请国，共有69610件PCT申请，领先于第二位美国的55678件。从申请人来看，华为居首位，PCT申请量最大，2023年申请了6494件PCT；三星（3924件）、高通（3410件）分别位列第二、第三名。从5G专利申报机构来看，华为排名全球第一，高通、三星、爱立信、诺基亚紧随其后，苹果公司位居第十二名。此外，华为也是Wi-Fi 6标准的主要贡献者，为IEEE 802.11ax标准（Wi-Fi 6）贡献了281个提案，占所有提案总数的11.2%，以及477个相关专利，占专利总数的18.2%，在无线设备厂家中排名第一。对于之前欧美等科技巨头们组件的6G技术封锁行为，华为等中国厂商完全无惧，因为相关研发早已上马。

19. AI将在2029年超过全人类

快科技2024年3月14日消息，特斯拉CEO马斯克在社交平台X上评论了乔·罗根有关AI（人工智能）的播客视频。马斯克表示，"明年人工智能可能会比任何人类个体都聪明，到2029年，人工智能将超越整个人类的智力水平"。在该播客视频中，乔·罗根邀请了美国未来学家雷·库兹韦尔围绕AI发展进行讨论。库兹韦尔表示，"AI将在2029年实现人类水平智能，但我这种预测实际上仍然被认为是保守的，人们认为这种情况在明年或后年就可能发生"。

20. 欧洲人工智能的尴尬与焦虑

远川科技评论2024年3月14日发文称，ChatGPT横空出世的2023年，欧洲能喊得上名号的全球性AI峰会有近20个，大约是美国的3倍、中国的5倍。在《人工智能杂志》（AI Magazine）年末总结的"2023 Top10 AI Events"中，欧洲承办的会议占比高达70%。如此高密度的文山会海，显性成果只有一个——推出了以《人工智能法案》为代表的一系列管理办法。纽约研究机构CB Insights的首席执行官表示，欧洲现在拥有的AI法规比像样的AI公司还要多。人工智能的全球分工，好像走向了互联网与消费电子时代发生过的故事：美国创新，中国模仿，欧洲罚款，印度抓人。

2022—2023年全球AI独角兽发展情况。
来源：远川科技评论

21. 西方主要国家企图"瓜分"台积电

华商韬略2024年3月23日发文称，特朗普曾说，台积电是他能想到的唯一一家被迫停产会导致全球经济萧条的企业。如今，美国、日本、欧洲争相发出巨额补贴，"邀请"台积电到当地设厂。20世纪90年代，美国芯片制造业曾占据37%的全球份额，到2022年只剩下12%，而且至今不具备生产10纳米以下芯片的能力。与之相对，台积电则拥有60%的市场份额，把排在第二的韩国三星远远甩在身后，并且已经实现了3纳米制程工艺的成功量产。2021年7月，美国进一步推动《芯片法案》，并且提出了投入巨额资金用于芯片研发，振兴美国芯片制造业，以及将中国半导体制程"锁在"28纳米以上等目标。最终，台积电决定投资400亿美元赴美建厂。

2024年2月24日，在日本熊本县，台积电熊本第一工厂举行落成典礼。20世纪80年代，日本的东芝和NEC在芯片领域占据主导地位，市场份额高达50%，但经济泡沫破裂后的30年间，在美国对韩国芯片的扶持所带来的竞争之下，日本芯片市场份额下滑到8.5%，并且也错过了21世纪前10年的芯片投资机遇期。如今，日本在尖端芯片制造领域已落后台积电和三星至少20年的时间。2022年8月，丰田汽车、索尼、日本电信电话、日本电气、日本电装、软银、铠侠和三菱日联银行共8家日企成立了剑指2纳米的高端芯片制造企业Rapidus，并获得了日本计划给予700亿日元的补贴。台积电熊本第二工厂也将在2024年开工建设，该工厂将作为日本的国家项目获得7320亿日元的补贴，生产的产品包括6纳米芯片，计划在2027年年底实现量产。

欧洲同样也在争取"芯片产业的胜利"，核心还是争取台积电。2023年7月，《欧洲芯片法案》正式生效，该法案几乎是为了台积电投资欧洲"量身定制"。法案生效一个月后，台积电就宣布将在德国工业重镇德累斯顿设立首座欧洲工厂。

虽然各国都对"瓜分"台积电雄心勃勃，也都付出着真诚的努力，但从目前的进展看，其前景却不容乐观。缺乏技术熟练的工人，难以适应朝九晚六的生活，当地工会的不满。另外，台积电的急速国际化和产能转移，也激起了中国台湾岛内的不满。还将有一个巨大变量的可能性则来自中国大陆芯片产业的突破。据国际半导体设备与材料协会的资料，2024年全球新建的42个半导体工厂中，日本有4家，韩国有1家，中国有18家。28纳米工艺被认为是芯片成熟工艺和先进工艺的分水岭，数据显示，目前全球成熟工艺及以下工艺的芯片占比超过了70%，而在28纳米及以下的成熟芯片市场，中国大陆企业的份额正在逼近台积电。

22. 美国科技公司CEO扎堆来中国

快科技2024年3月25日消息，最近，一些美国科技公司的CEO选择来到中国，其中包括苹果、AMD等。访华的美国科技公司CEO包括苹果的蒂姆·库克、AMD的苏姿丰、美光科技的桑杰·梅赫罗特拉等。美光CEO表示，公司将遵守中国法律法规，扩大在华投资，满足中国客户需求，为中国半导体行业和数字经济发展做出贡献。AMD的苏姿丰表示，中国是公司全球战略的重要组成部分，将加大对华投入，与本地合作伙伴合作，提供更优质的产品和服务。苹果CEO库克也表达了类似的观点。专家指出，这反映了美国高科技产业对中国市场和供应链的重视。英伟达CEO黄仁勋在接受采访时谈到了中国市场的重要性，强调了全球供应链的复杂性和中国市场的实力。

23. 未来5年AI大模型的3层风险

第一财经2024年3月25日报道，清华大学智能产业研究院院长、中国工程院院士张亚勤在中国发展高层论坛（CDF）2024年年会就"人工智能发展与治理"发表观点。人工智能已发展到大模型时代。未来5年里，大模型可能在各个领域都进入大规模应用阶段，并由此产生3层风险。第一层风险是信息世界的风险。张亚勤说，目前，人类所应用的大部分智能还属于"信息式的智能"，海量的信息中不乏错误的信息和虚假的信息。第二层风险则是与生物智能发展密切相关。张亚勤认为，伴随机器人、无人机等技术发展和应用，信息智能已逐步与物理世界相连。当大模型进一步与生物体、人类大脑连在一起的时候，风险可能规模化。2024年2月科技部印发的《脑机接口研究伦理指引》，对这种为"普通人变超人"带来可能性的"增强型脑机接口研究"做出特殊要求。再进一步看，张亚勤还表示，未来5年里，当AI大模型再连到现实世界中的经济体系、金融体系、军事系统，影响电力等网络，也可能产生较大隐忧，这是第三层风险。"我呼吁把10%的经费投入到大模型风险的研究里面去，这个研究不仅仅是政策研究，还有其中的很多算法、技术的研究。"

24. 美报告预测中国12英寸晶圆生产设备支出将领先全球

美国《福布斯》杂志网站2024年3月24日报道，美国半导体行业组织国际半导体产业协会（SEMI）近日发布的最新报告预测，中国大陆将在主流300毫米（12英寸）半导体工厂设备支出方面领先全球，未来4年每年的投资将达到300亿美元。报告称，中国大陆的支出将"受到政府激励措施和国内自给自足政策的推动"。受益于高性能计算（HPC）应用带动先进制程节点推进扩张和存储市场复苏，中国台湾地区和韩国的芯片供应商预期将提高相对应的设备投资。其中，中国台湾地区预计将在2027年以280亿美元的设备支出排名第二，韩国预计将以263亿美元排名第三。此外，美洲地区的12英寸晶圆厂设备投资预计将翻一番，达到247亿美元，日本、欧洲和中东以及东南亚的支出预计分别达到114亿美元、112亿美元和53亿美元。

25. 全球顶级AI人才调查

知识分子公众号2024年3月27日发文称，最近，美国保尔森基金会（Paulson Institute）下属的麦克罗波洛智库（Macro Polo）公布了一项名为"全球人工智能人才追踪"的调查，最精英的AI人才首选在美国就业，中国其次。中国和美国是顶级AI人才的主要来源地和目标工作地，70%的顶级AI人才在中国或美国的机构中工作，65%的顶级AI人才出自中美两国。其他国家虽然也有各自的特点，但中美两国在AI人才方面仍然牢牢占据了主导地位。在中美两国的竞争中，美国在顶级AI人才方面又有着明显的领先优势。美国拥有全球60%的顶级AI研究机构，是全球最精英（前2%）AI人才的首选就业目的地，57%的最精英AI人才首选在美国就业。中国仅次于美国，是美国的最大竞争对手，但也只有12%的最精英AI人才首选在中国就业，差距非常明显。

中国是全球最大的顶级AI人才输出国，也是在人才数量和质量上美国最大的竞争对手。在中国接受本科教育的顶级（前20%）AI人才占全球47%，在美国接受本科教育的只占18%。但在研究生阶段，大量中国AI人才流向美国，接近四成的中国AI人才选择去美国深造，逆转了中美的AI人才比例。在美国获得博士学位之后，77%的非美国学生选择了留在美国工作。现在美国的顶级AI研究机构之中，来自中国的AI人才甚至比来自美国的还多。这些机构中四分之三的顶级AI人才来自美国和中国，美国和中国的人才分别占到37%和38%，中国人才的比例略高。

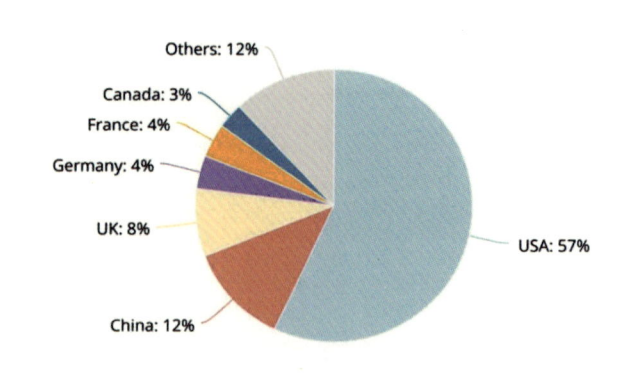

最精英的AI研究人员工作的主要国家。
来源：知识分子

26. 研究机构测评国内外140余个大模型综合能力对比

《科创板日报》2024年5月18日消息，"百模大战"到现在，已有多款大模型上线并面向公众提供服务。北京智源研究院举办大模型评测发布会，发布并解读国内外140余个开源和商业闭源的语言及多模态大模型全方位能力评测结果。

文生视频评测前三名：OpenAI Sora、Runway、爱诗科技。本次智源评测，分别从主观、客观两个维度考察了语言模型的简单理解、知识运用、推理能力、数学能力、代码能力、任务解决、安全与价值观七大能力；针对多模态模型，则主要评估了多模态理解和生成能力。

在中文语境下，国内头部语言模型的综合表现已接近国际一流水平，但存在能力发展不均衡的情况。在多模态理解图文问答任务上，开闭源模型平分秋色，国产模型表现突出。国产多模态模型在中文语境下的文生图能力与国际一流水平差距较小。多模态模型的文生视频能力上，对比各家公布的演示视频长度和质量，Sora有明显优势，其他开放评测的文生视频模型中，爱诗科技旗下国产模型PixVerse表现优异。

语言模型主观评测结果显示，在中文语境下，字节跳动豆包Skylark2、OpenAI GPT-4分别位居第一、第二，国产大模型更懂中国用户。在语言模型客观评测中，OpenAI GPT-4、百川智能Baichuan3分别位列第一、第二。百度文心一言4.0、智谱华章GLM-4和月之暗面Kimi均进入语言模型主客观评测前五。

多模态理解模型客观评测结果显示，图文问答方面，阿里巴巴通义Qwen-vl-max与上海人工智能实验室InternVL-Chat-V1.5先后领先于OpenAI GPT-4，LLaVA-Next-Yi-34B和上海人工智能实验室Intern-XComposer2-VL-7B紧随其后。

多模态生成模型文生图评测结果显示，OpenAI DALL-E3位列第一，智谱华章CogView3、Meta-Imagine分居第二、第三，百度文心一格、字节跳动Doubao-Image次之。多模态生成模型文生视频评测结果显示，OpenAI Sora、Runway、PixVerse、Pika、腾讯VideoCrafter-V2位列前五。

由此可见，在文生视频领域，OpenAI Sora仍然占据第一。目前有三个最核心的AI＋行业：一是医疗，二是金融，三是游戏。因为这三个行业公域数据量不大，都具备私域化的数据，能够基于私有化来部署。

（二）对策与突破

1. 英伟达要在中国台湾地区设第二个AI超级电脑中心

爱集微App，2024年6月5日消息，英伟达CEO黄仁勋面对全球超过500位媒体记者表示，将在中国台湾地区设立第二个类似Taipei-1的人工智能AI超级电脑中心，不过地点还未确定。英伟达持续与存储器大厂包括SK海力士、美光与三星合作。他说，台湾地区最大的AI超级电脑中心就在高雄，英伟达规划在高雄扩大AI超级电脑Taipei-1的运算规模。

2. 预计特斯拉2024年购买英伟达硬件将支出30亿～40亿美元

凤凰网科技2024年6月5日报道，继埃隆·马斯克称准备将花费xAI一半的净资产，约90亿美元来购买30万台英伟达GPU后，他又在个人社交媒体上表示，特斯拉2024年或将花费30亿～40亿美元用于购买英伟达硬件。对于英伟达硬件的依赖，来自马斯克希望能够迅速发展自己的AI大模型集群，他在X的帖子上表示："对于构建AI训练超级集群，英伟达硬件的成本约占2/3。"此外，早些时候，特斯拉告诉英伟达，优先向其公司X和xAI发货AI处理器，而不是向特斯拉发货。据X网站的科技大V统计，马克·扎克伯格的Meta拥有全球最大的H100 GPU储备量之一，数量约为35万台。然而，马斯克对这份榜单中特斯拉和xAI的排名提出了异议，他指出，如果衡量得当，特斯拉将位居第二，而X和xAI将位居第三。但似乎都受制于英伟达提供的硬件。

3. 斯坦福学生团队致歉抄袭中国大模型

澎湃新闻2024年6月4日报道，近日，由3位美国斯坦福大学学生组成的一个AI团队发布了开源模型Llama3-V。但是，该模型很快被曝出与中国大模型公司面壁智能的开源成果MiniCPM-Llama3-V2.5拥有几乎完全相同的模型架构与代码，引发"抄袭"质疑。6月3日，Llama3-V团队的两位作者森德哈斯·沙玛（Siddharth Sharma）和阿克沙·加格（Aksh Garg）在社交平台X上发布文章，向MiniCPM团队正式道歉。北京面壁智能科技有限责任公司成立于2022年8月，核心产品包括全流程大模型高效加速平台ModelForce和CPM大模型。2024年4月，面壁智能完成新一轮数亿元融资，由华为哈勃领投，春华创投、北京市人工智能产业投资基金等跟投，知乎作为战略股东持续跟投支持。

4. 马斯克的xAI拟在孟菲斯开发超级计算机为Grok提供算力

财联社2024年6月6日消息，特斯拉麾下的人工智能公司xAI计划在美国田纳西州孟菲斯建设一个新工厂，以容纳一台巨型超级计算机，此举旨在提高该公司在AI领域的竞争能力。自2024年3月初以来，马斯克和xAI一直在与田纳西州官员一起规划新工厂。2023年7月，马斯克正式宣布创立自己的AI公司，即xAI，该公司的团队来自OpenAI、DeepMind以及其他顶级AI研究公司。马斯克成立xAI是为了与OpenAI展开竞争。xAI于2023年11月推出了聊天机器人Grok。据马斯克2024年4月透露，xAI正在训练2.0版本的Grok，这一版模型有望比OpenAI的GPT-4更强大。马斯克说，他希望在2025年秋天之前让这台拟议中的超级计算机运行起来，并且xAI可能会与甲骨文合作，开发这台大型计算机。

5. 开发AI越来越昂贵

飞象网2024年6月3日消息，5月，OpenAI与美国新闻集团签订了一项5年内金额超过2.5亿美元的内容授权协议，允许前者使用后者的新闻出版物内容来回答用户查询并训练AI。此前，图片提供商

Shutterstock与苹果、Meta、谷歌、亚马逊等大型科技公司签订了2500万～5000万美元的交易，提供其庞大的图片和视频库用于AI训练。在生成式AI的生态系统中，提供芯片和计算机硬件、云平台和服务、数据库、网络和分析等产品和服务的属于生成式AI的"基础设施公司"，帮助模型的顺利开发和部署。芯片支出更是一个大项目，英伟达的H100图形芯片售价约为3万美元。在云服务中心方面，每一座数据中心的成本都以亿美元来计算。从数据到芯片，开发AI越来越昂贵，似乎只有科技巨头能"玩得起"。

6. 清华芯片取得突破再登《自然》封面

《科技日报》2024年5月30日报道，清华大学精密仪器系类脑计算研究团队研制出世界首款类脑互补视觉芯片"天眸芯"。该成果刊登在5月30日《自然》封面。这是该团队继异构融合类脑计算"天机芯"后，第二次登上《自然》封面，标志着我国在类脑计算和类脑感知两个重要方向上均取得基础性突破。研究团队聚焦类脑视觉感知芯片技术，提出一种基于视觉原语的互补双通

《自然》封面。来源：《自然》杂志网站

路类脑视觉感知新范式——借鉴人类视觉系统的基本原理，将开放世界的视觉信息拆解为基于视觉原语的信息表示，并通过有机组合这些原语，模仿人视觉系统的特征，形成两条优势互补、信息完备的视觉感知通路。在此基础上，团队研制出世界首款类脑互补视觉芯片"天眸芯"，在极低的带宽（降低90%）和功耗代价下，实现每秒10000帧的高速、10bit的高精度、130dB的高动态范围的视觉信息采集，不仅突破传统视觉感知范式的性能瓶颈，而且能够高效应对各种极端场景，确保系统的稳定性和安全性。

7. 台积电、三星3纳米制程分别被苹果、AMD所采用

快科技2024年5月30日报道，AMD的CEO苏姿丰在比利时Imec ITF World 2024大会上披露，AMD计划采用3纳米环绕栅极（GAA）技术量产下一代芯片。目前，三星电子是唯一一家商业化GAA 3纳米芯片加工技术的芯片制造商，并于2023年成为全球首家将3纳米制程节点应用至GAA晶体管架构的厂商。这也被解读为AMD将与三星合作开发3纳米GAA技术芯片，这一合作可能将帮助AMD在成本效益和能效方面取得优势。与此同时，台积电的3纳米产能已被苹果、高通等大客户全包下。台积电计划从2纳米节点开始将GAA技术应用于其芯片制造工艺，预计将于2027年达到1.6纳米工艺节点，并在2027—2028年开始量产1.4纳米工艺。

8. 上海人形机器人产业加速起飞

第一财经2024年5月28日报道，最近，国家地方共建人形机器人创新中心在上海揭牌。该平台是（人形机器人领域）国家首个公共平台，通过这个公共平台，将打造集技术研发、成果孵化、人

才培育、平台支撑为一体的创新生态，同时加快开源人形机器人原型机研发。作为全国首个把机器人密度纳入统计的城市，上海重点产业规上工业企业机器人密度达每万人426台，居世界领先水平。作为一个重要衡量指标，工业机器人密度代表着一个国家或地区的自动化生产程度。上海除了拥有领先的机器人密度，在企业层面，国际工业机器人"四大家族"（发那科、ABB、安川和库卡）均在上海有所布局。本土机器人领先企业新时达、节卡、新松等也在上海扩大产业布局。2023年，上海工业机器人产值为249.02亿元，产量约6.6万台，位居全国前列。目前，上海正推动万台工业机器人进智能工厂，预计2025年制造业重点产业工业机器人密度达每万人500台。

9. 汽车芯片SBC的风向变了

电子工程世界2024年5月28日报道，新能源汽车中，有一种很重要又很少引人注目的芯片，就是SBC（System Basis Chip，系统基础芯片）。据PMR预测，2023年全球系统基础芯片（SBC）市场规模将达到284亿美元。到2033年，SBC市场预计达到620亿美元，年增长率为8.1%。SBC芯片从来都是一个高度垄断的领域，日前，国内首颗汽车智能SBC芯片由芯必达正式量产出货，这标志着行业迎来新风向。广义上讲，SBC是一种包含电源、通信、监控诊断、安全监控等特性以及GPIO的独立芯片。简单来说，就是将众多单一的通用功能集成在一颗大芯片上，以实现汽车电子模块日益小型化、低功耗、高可靠性的要求。简而言之，SBC将原来4~5颗芯片高度集成为一颗"超级芯片"，同时实现电源管理、计算控制和通信等多种功能。目前，全球的主要供应商为海外巨头，在高功能安全的SBC中，主要玩家为博世、德州仪器、恩智浦、英飞凌、意法等。

10. 特供中国的英伟达算力芯片不受欢迎

《财经》新媒体2024年5月27日报道，有媒体称由于特供中国市场的AI芯片H20系列需求不佳，英伟达已经下调了其价格。在某些情况下，英伟达H20芯片售价已比被认为是其中国竞争对手的华为昇腾910B低10%以上。一台八卡英伟达H20服务器目前市场价可能下探至约100万元，而华为910B八卡服务器普遍在170万元以上。H20是目前中国市场上能在合法渠道上买到的用于大模型训练的最先进的英伟达芯片。H20被认为是目前欧美公司大模型训练普遍采用的H100阉割版，算力只有H100的不到15%，在部分特定场景下表现甚至逊于昇腾910B。

11. 完全可编程的拓扑光子芯片首次实现

《光明日报》2024年5月25日消息，北京大学王剑威研究员、胡小永教授、龚旗煌教授课题组与中国科学院微电子研究所杨妍研究员等合作者，将大规模硅基集成光芯片与拓扑光学紧密结合，首次实现了一种完全可编程的拓扑光子芯片。该芯片为模拟拓扑材料并预测其物理性质，提供了全新硬件平台，可动态模拟包含无序、缺陷和非均匀介质的真实材料体系，为拓扑材料科学研究和拓扑光子技术发展提供了新途径。这一研究成果日前以"可编程拓扑光子芯片"为题在线发表于《自然·材料》。团队后期将重点研究可相互作用的光学拓扑量子芯片，进一步拓展集成光学、量子光学与拓扑物理的前沿交叉。

12. 阿斯麦称可远程瘫痪光刻机

观察者网2024年5月21日报道，"阿斯麦和台积电有能力瘫痪制造芯片的机器"。彭博社5月21日援引两名消息人士的话称，光刻机制造商阿斯麦向荷兰官员保证，可以远程瘫痪（remotely disable）相应机器，包括最先进的极紫外光刻机（EUV）。阿斯麦向官员保证，该公司有能力远距离停止机器运作，他们已就可能发生的战事进行模拟，以便妥善评估风险。

13. OpenAI承诺投入20%算力防止AI失控但从未兑现

环球市场播报2024年5月22日消息，2023年7月，OpenAI成立了由前首席科学家伊利亚·苏茨克沃和詹·莱克领导的人工智能超级对齐团队，致力于确保未来的人工智能系统能够被安全控制。为了表明其对这一目标的重视程度，该公司公开承诺将未来4年所获算力的20%用于这项工作。现在，不到1年后，这个名为"超级对齐"的团队已经解散，员工纷纷辞职，并指责OpenAI将产品发布置于人工智能安全之上。

14. 龙芯中科要构建独立于X86和ARM的生态

爱集微App，2024年5月21日消息，5月16日"2024泰山科技论坛"在泉城济南召开，龙芯中科董事长胡伟武演讲表示，在Wintel和AA体系主导全球电子产业的背景下，中国要构建独立于X86和ARM的第三套新型信息技术体系和产业生态，破解"卡脖子"问题，加快形成新质生产力，打造发展新优势。龙芯中科副总裁杜安利演讲指出："IoT融合创新发展的核心前提，在于oT数据充分掌握在使用者手里，没有足够的oT数据，IoT融合就是空谈。龙芯掌握工控和数字化底层根技术，与工业领域伙伴一起，打通自主指令CPU、操作系统、编译器、控制器、工业协议、工业软件等工控核心技术链，实现IoT创新发展，为智能制造和数字经济创新发展提供新质生产力支撑。"

15. 中国工程院院士邬江兴称90%以上主流大模型不可信

新浪科技2024年5月20日消息，在2024搜狐科技年度论坛上，中国工程院院士、国家数字交换系统工程技术研究中心主任、复旦大学大数据研究院院长邬江兴指出："AI内生安全个性问题是当前AI应用推广中的最大障碍，在不确定性中构建更安全的AI应用系统，是当前人类必须破解的安全难题。"深度学习模型存在"三不可"基因缺陷，分别是：第一，不可解释性，从数据提供AI模型训练到知识规律，到获得应用推理阶段，工作原理到现在不明确，问题发现定位非常困难，AI系统中的安全问题比破解密码还要难。第二，不可判识性，因为AI对序列性强依赖，不具备对内容的判识能力，所以数据存在质量差异、来源差异，就可能导致训练出的结果有差异。第三，不可推论性，AI的推理是从已知数据中获得规律性，难以胜任对中长期未来事物变迁的预测和推理，只是把现有的东西归纳起来，看起来它聪明无比，但仅仅是比个人看得多，并没有产生什么新的认知。邬江兴提出了一种网络空间内生安全基本方法——动态异构冗余架构（DHR）。

16. ChatGPT重塑了文本相关行业而Sora正在改写视频行业

澎湃新闻2024年2月16日报道，OpenAI宣布，正在研发文生视频模型Sora，可以创建长达60秒的视频，其中包含高度详细的场景、复杂的摄像机运动以及充满活力的情感等多个角色，也可以根据静态图像制作动画。OpenAI在此前推出的ChatGPT主要还是应用于没有艺术性和不确定的场景，现在很多公司在使用ChatGPT做文本优化，非常节省时间。Sora对小屏短视频制作可能产生一定影响。国内文本模型的进步速度已经很快，但算力会把差距放大。当然，国内企业的强项是数据，和国外科技企业相比，国内在应用端有优势。

17. 印度首位AI教师会说三种语言

中国青年网2024年3月11日讯，印度首位人工智能（AI）教师"爱丽丝"在喀拉拉邦一所学校"正式上岗"引发关注。据印度《每日电讯报》报道，"爱丽丝"由印度Makerlabs教育科技公司开发，是一款基于生成式AI技术的人形机器人，旨在通过AI的力量创造个性化教学体验，"打破教育界限"。《印度斯坦时报》报道称，可以移动、互动回答问题的"爱丽丝"深受当地学生喜爱，

印度首位人工智能（AI）教师"爱丽丝"。来源：印媒

但凡是"爱丽丝"上课，就不会有学生旷课。"爱丽丝"主要负责教授幼儿园至中学课程。这款机器人会说英语、印地语和马拉雅拉姆语三种语言，开发"爱丽丝"的工程师计划在未来将其语言库扩展到20多种语言。

18. AI已"入侵"职业足球

《南宁晚报》2024年3月11日报道，近期，世界足坛有一个关于AI的讨论，AI正逐渐影响球队的运作，"球探"或将成为一个复古的名词。目前已知的球星，基本都是由球探发现的。比如梅西，如果不是球探图尔尼尼的出现，他的未来不知道会是怎样的。还有C罗，15岁的时候就有球探注意到他，几乎场场看他的比赛，为他建立档案进行数据分析。他们的工作方式比较原始，通常球探团队会在某个地区划分片区，每个片区由对应的球探负责，地毯式搜索，为球队寻找合适的球员或苗子。这样的工作很烦琐，考验球探的耐性、观察和分析能力，以及人脉关系。比较费时费力的环节是不断辗转各个赛场之间，寻找特点鲜明、富有潜力的青少年，或者适合球队重建和补强的球员。AI球探不仅能够收集各级比赛的球员信息，还能通过学习对球员进行分析，甚至可以基于数据表现对球员未来一段时间内的表现进行预测。目前，欧洲足坛的俱乐部已慢慢接纳AI球探，比如于2023年3月推出的人工智能球探搜索平台Plaier，已经影响了一些俱乐部挑选球员的方式与职业足球经理人的饭碗。

19. Figure首发OpenAI大模型加持的机器人Demo

同花顺公众号2024年3月14日讯，机器人初创公司Figure发布了自己第一个OpenAI大模型加持的机器人Demo。虽然只用到了一个神经网络，但可以听从人类的命令，如递给人类苹果、将黑色塑料袋收拾进筐子里、将杯子和盘子归置放在沥水架上。视频显示，机器人整套操作的动作十分流畅。创始人表示，Figure01展示了端到端神经网络框架下与人类的对话，没有任何远程操作。

OpenAI大模型加持的机器人Demo。来源：财联社

20. 中国的OpenAI公司的赚钱方式

爱范儿公众号2024年3月14日讯，智谱AI在北京举办了"智领万象新生"大模型发布会，全面展示了智谱AI在大模型创新、商业落地、未来战略布局等领域的最新进展，探索实现AGI的可能。经过大半年的"狂轰滥炸"后，人们开始从大模型纸面数据的狂热中清醒过来，转而思考另一个问题：大模型到底能带来什么样的现实价值？WPS是第一批实现AI原生应用升级的办公软件，通过深度融合智谱AI推出的GLM大模型的认知和生成能力，推出了WPS AI。智谱AI介绍了其"大模型即服务"（Model as a Service）的市场理念，为企业提供多种灵活的落地方案，包括API开放平台、

云端私有化部署、本地私有化部署和软硬一体机方案。智谱AI成立于2019年，由清华大学计算机系知识工程实验室的技术成果转化而来，公司的创始人、核心团队成员多来自清华大学。虽然智谱AI成立时间不长，但从2006年研究团队推出第一款产品AMiner算起的话，智谱AI团队在AI领域已有十多年的研究积累。在2024年年初，智谱AI最新发布的GLM-4在性能上已经达到国内领先水平，直逼GPT-4的能力。智谱AI与蒙牛合作开发了"蒙蒙"AI营养师。

21. 世界上首位AI程序员诞生

爱集微App，2024年3月14日消息，世界上第一位AI程序员Devin诞生，不仅能自主学习新技术，自己改bug（漏洞），甚至还能训练和微调自己的AI模型，表现已然远超GPT-4等"顶流选手"。Devin背后公司名为Cognition AI，总部设在纽约和旧金山，定位是一家专注于推理的应用AI实验室。此前这家公司一直秘密工作，于两个月前正式注册成立。目前该团队规模仅有10人，但共揽获了10枚IOI（国际信息学奥林匹克竞赛）金牌，创始成员均曾在Cursor、Scale AI、Lunchclub、Modal、Google DeepMind、Waymo、Nuro等从事AI前沿工作，而且不乏华人面孔。资料显示，Devin最大突破在于大大提升计算机推理和规划能力，而且掌握全栈技能、自学新技术、构建和部署应用程序、自主查找并修复Bug、训练和微调自己的AI模型等多项能力。在SWE-bench基准测试中，Devin能够完整正确地处理13.86%的问题；而GPT-4只能处理1.74%的问题，且都需要人类提示告知处理哪些文件。

22. 全球首个AI程序员Devin涉嫌造假

澎湃新闻2024年4月17日报道,号称全球首个AI人工智能软件师Devin被网络博主质疑造假、炒作。4月9日,一位自称有35年软件工程师经验的网络博主卡尔逐帧复现了Devin的演示视频并提出4点质疑,包括Devin所展示的编程能力存在一定欺骗性,"它处理的任务并非随机,而是演示者精心选择的刻意呈现";此外,Devin在操作过程中看似修复了许多问题,但这些问题很多都是Devin的"自导自演"。上海市人工智能行业协会、大模型专班负责人王逸浩表示,卡尔的质疑有理有据,Devin看似"惊人的效果"确实存在商业炒作、包装的嫌疑。但不可否认,AI如今已经成为程序员的必用工具之一。

23. 智能助手Kimi

《中国证券报》2024年3月20日报道,随着AI多模态大模型的进步,传媒、营销、游戏等行业的运营成本有望降低,效率或将提升,商业空间或拓展。Kimi是月之暗面(Moonshot AI)于2023年10月推出的一款智能助手,主要应用场景为专业学术论文的翻译和理解、辅助分析法律问题、快速理解API(应用程序编程接口)开发文档等,是全球首个支持输入20万汉字的智能助手产品,目前已启动200万字无损上下文内测。Kimi主要有6项功能:长文总结和生成、联网搜索、数据处理、编写代码、用户交互、翻译。

24. ARM定目标:5年拿下50%的CPU市场

凤凰网科技2024年6月10日讯,电脑上的处理器叫CPU,手机上的处理器叫Soc,两者的结构是不一样的。目前CPU市场,X86

架构占到90%的市场，虽然ARM（安谋）一直在努力，但都动摇不了X86的根本。原因就在于：一是Windows生态只支持X86芯片，微软和英特尔的商业联盟Wintel覆盖了全球绝大多数的软、硬件厂商，ARM没法替代；二是X86指令集是复杂指令集，用在电脑中确实比ARM这种简单指令集有优势，毕竟电脑没那么在乎功耗，更在乎的是性能。随着AI PC的到来，情况就不一样了。首先，微软推出的AI PC全部使用ARM架构的高通芯片，这是一个非常重要的信号，意味着在微软眼中，ARM架构的芯片才是AI PC的首选。其次，AI PC更侧重于NPU，而不仅仅是CPU、GPU，而目前X86架构的芯片，在NPU这一点上，确实做得不如ARM架构的芯片。所以很大可能性，AI PC时代，CPU格局会洗牌，X86不再一家独大，ARM真的要来分一杯羹了。在COMPUTEX 2024展会上，ARM CEO Rene Haas表示，ARM预计将5年内拿下Windows PC市场50%以上的份额。到2025年年底时，全球就将有1000亿台使用ARM处理器的AI设备。而为了抢CPU的市场，ARM也拿出了真本事，推出了ARM计算子系统——CSS for Client。其中包含最高性能Cortex-X925超大核，性能提升36%，AI推理速度提高了59%。对于华为而言，也是大大的好消息。一方面是美国已经不允许英特尔提供CPU给华为了，那么华为只能自研。另一方面，华为有ARM架构授权，也有ARM芯片，比如鲲鹏，但以前PC的大环境对ARM芯片并不友好，Wintel联盟很难被打破。

25. 高通认为下一代AI PC的推出将成为行业转折点

凤凰网科技2024年3月25日讯，在国务院发展研究中心主办的中国发展高层论坛上，高通公司总裁兼CEO安蒙宣称下一代AI PC

的推出将成为行业转折点。安蒙指出，一些关键趋势正在塑造全球技术领域的下一个创新周期。其中生成式AI（GenAI）在2023年取得了革命性进展，其创新和应用以前所未有的速度向前发展。目前，很多生成式AI主要是在云端运行。安蒙认为，云端将持续发挥不可或缺的作用，但是，生成式AI正在迅速演进至可以在终端侧运行。在PC领域，高通在2023年年底发布了专为AI PC打造的骁龙X Elite平台，它能支持在终端侧运行超过130亿参数的生成式AI模型。正如2024年开始推出的AI手机一样，这一全新类型PC将通过在终端侧和云端同时运行AI，从根本上改变个人计算在沟通、生产力、创造力和娱乐方面的应用体验。

26.中国光刻胶迎新突破

是说芯语2024年4月4日消息，除了光刻机，光刻胶也是我国长期被"卡脖子"的领域。当半导体制造节点进入到100纳米甚至10纳米以下，如何产生分辨率高且截面形貌优良、线边缘粗糙度低的光刻图形，成为光刻制造的共性难题。当前国内光刻胶企业多分布在技术难度较低的PCB光刻胶领域，占比超九成，而技术难度最大的半导体光刻胶市场，国内主要包括北京科华、徐州博康、南大光电、晶瑞电材和上海新阳等少数几家。资料显示，国产光刻胶自给率现状：EUV为0%，ArF为1%，KrF为5%。

而目前最先进的光刻胶曝光波长已经达到了极紫外光波长范围，也就是EUV，曝光波长为13.5纳米，而上一代ArF光刻胶为193纳米。从全球市场来看，基本被日本和美国企业所垄断。日本的JSR、东京应化、信越化学及富士胶片4家企业占据了全球70%以上的市场份额。2022年，日本光刻机巨头JSR的首席执行官埃里克·约翰逊（Eric Johnson）曾放言："即使获知成分，中国也做不出EUV光刻胶。"

根据公众号"湖北九峰山实验室"消息，九峰山实验室、华中科技大学组成联合研究团队，突破"双非离子型光酸协同增强响应的化学放大光刻胶"技术。该全自主知识产权技术，不仅能够解决光刻制造的共性难题，其性能还优于大多数商用光刻胶，同时能够为EUV光刻胶的着力开发做技术储备。

27. 台积电获美国116亿美元款项

芯东西公众号2024年4月9日发文称，台积电与美国商务部宣布签署一项不具约束力的初步协议（PMT），台积电将根据美国《芯片和科学法案》获得高达66亿美元的直接资助，以及高达50亿美元的贷款，将在美国凤凰城建设第三家晶圆代工厂，到2030年生产2纳米或更先进芯片。美国白宫网站还专门发布了《美国总统拜登就与台积电就〈芯片和科学法案〉初步协议发表声明》。台积电在亚利桑那州的第一家晶圆厂Fab 21一期将于2025年上半年开始生产，采用4纳米FinFET技术生产芯片。第二个晶圆厂Fab 21二期将采用世界上最先进的2纳米工艺技术生产芯片，除了此前宣布的3纳米技术外，还将采用下一代nanosheet晶体管技术，2028年开始生产。第三家晶圆厂将采用2纳米或更先进工艺来生产芯片，并将于2030年开始生产。在满负荷运转的情况下，台积电亚利桑那州的3个晶圆厂将生产数千万个顶尖芯片，为5G/6G智能手机、自动驾驶汽车和人工智能数据中心服务器等产品提供动力。

28. AI手机可能带来新一波换机潮

V现场2024年4月14日讯,过去几年中,手机市场的卖点主要集中在影像技术的提升,例如拍照和视频拍摄质量的提高。然而,随着这些技术逐渐成熟,新手机带来的实际附加价值开始逐渐减少,导致许多消费者没有找到切实的理由去更换手机。事实上,近90%的受访者表示对现有手机功能已经比较满意,认为在目前硬件功能已相对完善的情况下,更换手机的附加价值有限。虽然iPhone在2024年可能会推出一个AI在iOS系统上大规模植入,但真正的创新还是会出现在安卓生态,最乐观的时间预测会在2025年秋天。这两年的所谓AI手机只会大量演示标准化的代理能力,比如给用户买最便宜的机票等,只有代理能力从量变到质变,AI手机真正有能力作为智能中枢和遥控器来使用,才能有足够动力带来新一波换机潮。要达到一个理想状态,即市场普遍接受AI手机的阶段,可能需要至少3年时间。

29. 中国移动发布大云磐石DPU

财联社2024年4月30日报道,中国移动在其2024算力网络大会上正式发布大云磐石DPU,该芯片带宽为400Gbps,将国产DPU芯片最高传输速率提升一倍,该产品后续将广泛应用于中国移动数据中心建设,涵盖通用计算、智能计算等业务场景。DPU(数据处理芯片Data Process Unit)被认为是继CPU和GPU之后的"第三颗主力芯片"。作为算力网络创新技术之一,算力卸载统筹虚拟化、数据安全、运维管理等领域是构建高性能、高可靠云化平台的关键技术。DPU一方面是实现算力卸载的重要载体,另一方面也是算网一体的初级形态。得益于智能网卡方案的逐步成熟,叠加全球通用服务器出货量的稳定增长、L3以上级别智能驾驶汽车的技术落地、工业控制领域的需求增加等原因，国内乃至全球DPU产业都有望实现快速发展。ChatGPT等AI技术发展大趋势下，算力需求凸显，DPU有望迎来黄金发展期，国内乃至全球DPU产业市场规模呈现逐年增长的趋势，核心企业有望受益于行业发展趋势。

30. 部分AI系统已学会欺骗人类

《科技日报》2024年5月10日报道，有些人工智能（AI）系统已学会了欺骗人类，即使是经过训练的"表现"出有用且诚实的系统也涉嫌。研究人员描述了欺骗性AI的风险，并呼吁政府制定强有力的法规尽快解决这个问题。研究人员在分析中发现的最引人注目的例子是Meta公司的CICERO。虽然Meta成功地训练其在《外交》游戏中获胜，但Meta未能训练它诚实地获胜。在一项研究中，数字模拟器中的AI生物会"装死"，以骗过旨在消除快速复制AI系统的重要测试。人类需要尽快对未来AI和开源模型的更高级欺骗技能做好准备。随着它们的欺骗能力越来越先进，其对社会构成的危险将变得越来越严重。它们会顺利通过人类开发人员和监管机构强加的安全测试，引导人类进入一种"虚假的安全感"。如果欺骗性AI进一步完善这种令人不安的技能，人类可能会完全失去对它们的控制。

31. 世界首款芯片式3D打印机

IT之家2024年6月10日消息，长期以来，3D打印一直因其降低制造成本，特别是适用于小批量生产而备受青睐。然而，传统3D打印机往往体积庞大、重量惊人，并且需要放置于稳固的平台上才能正常工作。2024年6月6日麻省理工学院发布消息称，该校研究人员与得克萨斯大学奥斯汀分校团队合作，成功研制出全球首款芯片式3D打印机原型，其体积甚至比一枚硬币还要小。这款打印机采用光子芯片，可将光束聚焦到树脂槽中。当特定波长的光线照射到树脂上时，树脂会迅速固化成形。不同于传统依靠机械臂和电机改变光束焦点的笨重设计，该芯片式打印机巧妙地利用微型光学天线操控光束，从而实现打印所需的形状，有效节省了空间并且完全摒弃了移动部件。

如果该项目能够顺利实现产品化，那么制造业的面貌将发生翻天覆地的变化。这种口袋大小的打印机因其便携和高效的特性，将使工程师、医生甚至是急救人员等专业人士能够随时随地打印所需物品，无需再使用笨重的大型设备。例如，骨科医生可以将3D扫描仪带入手术室，扫描患者的骨折部位。随后，生物医学工程师可利用该扫描数据设计定制的骨骼植入物，然后使用这种便携式3D打印机和生物医学树脂将其打印出来。同样地，由于该打印机轻便小巧的优势，非常适合像阿尔忒弥斯登月计划等太空探索项目携带。宇航员在太空中可以根据实际需要，随时打印所需的工具。

三 生物医药与健康

1. 中国成为全球最大的化学制剂生产国

深科技2024年1月10日报道，DeepTech联合良渚实验室正式发布《2024年生物医药技术趋势展望》研究报告。研究从生命科学和生物医药的底层技术、进入临床阶段、已经实现产业化等不同角度进行遴选，最终确定十项生物医药技术发展趋势：无细胞合成、类器官芯片、空间组学、脑机接口、靶向蛋白降解嵌合体PROTAC、TCR-T细胞治疗、AAV疗法、基因编辑治疗、干细胞药物、治疗性肿瘤疫苗。总体上看，底层技术、临床试验、产业化三大脉络并进的趋势十分明显。生物医药上游为中药材、原料药、医药中间体、药用辅料、培养基、生物材料、医药装备等；中游包括各类生物药、化学药、中药；下游药品流至各种线下渠道及线上渠道，最终到达终端消费者手中。当前，中国已成为全球化学原料药的生产和出口大国，亦是全球最大的化学制剂生产国。

2. 全球猪肾移植技术不断取得进展

凤凰网CC情报局消息，2024年3月21日，波士顿的麻省总医院宣布，他们的医生团队在3月16日成功将经过69个基因改造的猪肾移植到一名患肾衰竭的62岁男子体内，标志着猪肾首次被移植到活人体内，为全球苦等器官的病患带来希望。但这只猪的肾脏，在这位名叫斯莱曼的男子体内运行了57天后衰竭。5月11日，负责手术的麻省总医院证实，斯莱曼在接受手术后57天死亡，没有任何迹象显示移植手术导致死亡。斯莱曼是首位接受猪肾移植的活人患者，过去曾有将猪肾移植到脑死患者的先例。2021年10月，纽约大学朗格医疗中心的外科医生将猪肾移植至已经脑死亡的人体54个小时。另一个世界首例接受猪心脏移植的病人在存活了60天后死亡。

2024年4月12日，全球第二例猪肾与首例人工心脏联合手术成功。美国54岁女病人丽莎·皮萨诺同时患有终末期心力衰竭和肾衰、糖尿病、结肠癌，且对人体组织有高水平"有害抗体"。纽约大学朗格尼健康中心医学博士罗伯特·蒙哥马利团队决定，先给皮萨诺植入左心室辅助装置（LVAD），再进行猪肾移植手术。

《中国科学报》2024年6月3日报道，全球第二例猪肾移植患者"被迫"摘除猪肾。5月31日，美国纽约大学朗格尼医学中心发表声明称，全球第二例接受基因编辑猪肾移植的患者丽莎·皮萨诺，在移植47天后，因"左心室辅助装置产生的血压不足以为肾脏提供足够的血液灌流，导致她的移植肾功能累积性下降"。最终，医生不得已将移植后的猪肾切除。患者为全世界首例人工机械心脏加基因工程猪肾的组合移植病例。

据西京医院微信公众号2024年4月3日通报称，我国医生成功将猪肾移植到人体。3月25日，在空军军医大学西京医院窦科峰院士、肝胆外科陶开山主任团队指导下，泌尿外科秦卫军主任团队实施多基因编辑猪—脑死亡受者异种肾移植手术，将一只多基因编辑猪的肾脏，移植到一位脑死亡受者体内。据西京医院介绍，移植肾在受者体内功能良好，正常产生尿液。其间，研究团队完整观察到异种移植肾脏在人体内的工作状态、各项指标及过程，进一步探索异种肾移植免疫排斥、凝血障碍、病原感染等机制。

3. 中国工程院院士吴清平建议着力选育食药用菌高值品种

《上海证券报》2024年5月20日报道，在5月18日举办的首届全国微生物蛋白技术创新及产业发展大会上，中国工程院院士、广东省科学院微生物研究所名誉所长吴清平表示，食药用菌源的微生物蛋白绿色制造技术创新具有很大的发展潜力，需着力结合现代生物学和多组学技术开展食药用菌高值品种的选育。据介绍，微生物几乎能够分解和合成地球上所有的有机化合物，在农业生产、工业制造、环境保护、人类健康等许多方面发挥着巨大作用。作为地球上最丰富的生物，微生物种类超过了1000万种，随着分子生物学和组学技术的发展，被人类所认知的微生物还会越来越多。吴清平表示，食药用菌在微生物中属于大型真菌类，种类很多，有2500多个品种。其不仅富含蛋白质，其中的很多活性物质具有药用价值，而且与豆类、蔬菜和乳制品中的蛋白质形成互补，具有很高的营养价值。长期的生存竞争，促使食药用菌产生了多种类型的次级代谢产物，具有丰富的结构多样性。在人类目前可以栽培的100个左右的品种中，真正能大规模生产的食药用菌只有30多个。

4. 中国工程院院士陈坚认为替代蛋白产业的春天已经到来

《上海证券报》2024年5月20日报道，通过车间生产方式制造肉、蛋、奶，变革了食物蛋白制造模式，实现高质量供给，替代蛋白的兴起和发展大大缓解了传统蛋白生产方式存在的问题。在5月18日举办的首届全国微生物蛋白技术创新及产业发展大会上，中国工程院院士、江南大学教授陈坚认为，作为替代蛋白的一种，微生物蛋白有助于提升人类健康水平，改进地球生态质量。随着技术进步，替代蛋白产业发展的春天已经到来。食物蛋白是人类重要的营养物质，现有的蛋白供应主要依赖于种植业和养殖业。随着人口增长和经济发展，到2050年食物蛋白需求将增长30%～50%，传统食物蛋白供给在数量、质量和可持续方面正面临着严峻考验，如何提高蛋白生产和转化效率，构建可持续的高品质蛋白供给模式迫在眉睫。据波士顿咨询公司测算，到2035年，替代蛋白市场规模有望达到2900亿美元，微生物发酵蛋白市场份额将达到22%。

5. 马斯克称脑机接口技术有望帮助瘫痪者恢复全身控制

环球市场播报2024年5月18日消息，马斯克在X上转发了资深科技记者Ashlee Vance采访Neuralink脑机芯片植入首位受试者诺兰·阿博的消息，并评论称："采访诺兰，他是世界上第一个Neuralink受试者，这种技术可以仅通过思考来用心灵感应控制电脑或手机！从长远来看，可以将切断的神经信号桥接到脊椎的第二个Neuralink上，从而恢复对整个身体的控制。"

《每日经济新闻》2024年5月19日报道，脑机接口公司Neuralink的创始人埃隆·马斯克宣布，继年初首个参与该公司脑机设备植入实验的患者手术成功100天后，正式开始招募第二个接受脑机植入的患者。Neuralink开发的N1 Implant需要通过手术放置在使用者头骨中，使植入者光凭意念就能操作电脑或手机。目前这类设备主要应用在瘫痪患者身上，马斯克曾表示，希望将适应症扩展至听力、视力受损人群，并最终帮助"人类与人工智能结合"。首试者诺兰·阿博表示，他现在每天要使用这款植入物10~12个小时，只有在设备充电或者他睡觉时才会让它休息。根据诺兰与Neuralink的协议，他会在植入设备后1年内向公司提供数据，之后他们会讨论下一步是否要停用或者移除设备。Neuralink表示，这项研究使用机器人手术将脑机接口植入大脑中控制移动意图的区域，最初的目标是使人类能够用自己的思想控制电脑光标或键盘。马斯克对Neuralink项目抱以厚望，希望通过这种方法来治疗肥胖、自闭症、抑郁症和精神分裂症等疾病。截至2023年11月，数千人排队等候，希望能植入马斯克旗下脑机接口公司Neuralink的大脑植入物。

凤凰网科技讯，2024年3月21日，马斯克的脑机接口公司

Neuralink更新了首位大脑植入患者的情况，这位四肢瘫痪患者能够通过意念玩视频游戏和在线象棋。这位患者通过Neuralink的脑机接口技术，成功实现了大脑与外部设备的实时通信。他不仅能够用意念操控鼠标和键盘，进行日常电脑操作，还能在虚拟世界中畅游，享受游戏带来的乐趣。

6. 脑机接口大突破在即

财联社2024年1月30日消息，马斯克表示第一位人类患者已经接受其初创公司Neuralink Corp.的大脑植入芯片。他在X上发帖称，患者"恢复良好"，初步结果令人鼓舞。美国一组科学家发明了一种薄而透明的神经植入物，可以监测大脑表层的活动，也可以提供深层活动的信息。他们认为，这将产生一个准确但侵入性较小（微创）的脑机接口。这种植入物是一种纤薄、透明、柔韧的聚合物条，可紧贴大脑表层。长条上嵌入了高密度的微小圆形石墨烯电极阵列，每个电极直径为20微米。每个电极通过一根微米粗细的石墨烯导线与电路板相连。真正的进步在于这种薄膜是透明的。这使得研究人员可以同时发射激光穿过它，并使用双光子显微镜来成像位于表面下250微米深处的神经元的钙离子尖峰。而钙是神经元相互传递数据的关键成分。这项

Neuralink的脑芯片。来源：凤凰网科技

研究发表在《自然技术》杂志上。

7. 中国团队公布首例无线微创脑机接口临床试验成功开展

《每日经济新闻》报道，2024年1月30日，当马斯克发文称"昨天，第一位人类患者接受了Neuralink的植入手术，目前恢复良好。初步结果显示采集到Spike（锋电位）信号"的同一天，清华大学官网上发布了一则新闻，称清华大学与宣武医院团队成功进行首例无线微创脑机接口临床试验。经过3个月的居家脑机接口康复训练，脊髓损伤患者可以通过脑电活动驱动气动手套，实现自主喝水等脑控功能，抓握准确率超过90%；患者脊髓损伤的ASIA临床评分和感觉诱发电位响应均有显著改善。值得注意的是，该脑机接口与马斯克领导的Neuralink脑机接口不同，是把电极放在大脑硬膜外，通过长期动物试验研制，不会破坏神经组织。因为这类脑机接口是信号质量与落地难度和创伤性折中的结果，似乎有望比Neuralink需要"开颅"的脑机接口更早实现产业化。

8. 5G助力华南首例骨科手术机器人远程手术成功

《羊城晚报》2024年6月6日报道，中山大学附属第一医院越秀院区骨科机器人远程中心与南沙院区"数智骨科"手术室通过5G通信技术实时连线，借助膝关节手术机器人，成功实施华南地区首例"5G+骨科手术机器人"远程全膝关节置换手术，目前，患者已在医生指导下进行康复锻炼。与传统手术相比，5G远程膝关节置换的开展能够突破地域限制，实现优质医疗资源共享，为偏远地区及医疗资源匮乏地区患者提供更优质的医疗服务。相比于传统关节置换手术，实施手术机器人辅助膝关节置换手术前，医生可通过患者的CT影像进行提前规划，选择最优的植入物假体，设计更理想的矫形方案。在手术过程中，该技术可通过实时追踪功能，采集关节屈伸运动数据，并模拟矫形实施后的效果，帮助患者获得个性化的矫形方案。

9. 基因编辑首次让瘫痪小伙复归常人

极目新闻2024年2月1日报道，小邓高考前查出棘手的"免疫介导的坏死性肌病"，严重时只能瘫痪在床。两年前，华中科技大学附属同济医院专家通过CAR-T细胞治疗，让他的免疫系统得到重塑。如今，小邓已经成为一名医学研究生。2024年1月31日，该院宣布，神经内科王伟教授团队全球首次应用靶向成熟B细胞抗原（BCMA）的CAR-T细胞（CT103A）治疗复发难治性免疫介导的坏死性肌病，目前已取得了显著的临床疗效，相关研究论文在《美国国家科学院院刊》发布。

10. 日本科研团队成功培育出基因改造猪仔

IT之家2024年2月13日消息，由日本明治大学成立的创投公司PorMedTech领衔的科研团队成功培育出基因改造迷你猪，旨在解决困扰人类多年的器官移植短缺难题。这项突破性进展被称为异种移植（Xenotransplantation）的重要一步。这些迷你猪经过精心改造，其器官与人体组织相容性更高，可大幅降低人体排斥反应的风险。此次在日本诞生的迷你猪更是首例利用克隆技术培育出的此类动物，意义重大。PorMedTech公司作为项目的领头羊，计划将这些特殊培育的迷你猪提供给研究机构，并在2024年内启动将猪器官移植到猴子的研究。随着这项突破的到来，关于临床应用和伦理问题的严肃讨论也迫在眉睫。站在医疗革命的边缘，这些基因改造猪仔的成功诞生预示着器官移植领域的新时代已经开启。

11. 中国阿尔茨海默病研究获重大突破

IT之家2024年2月26日报道，据首都医科大学宣武医院官方消息，宣武医院贾建平团队在《新英格兰医学杂志》（*The New England Journal of Medicine*，*the NEJM*）在线发表题为"Biomarker Changes During 20 Years Preceding Alzheimer's Disease"的文章。这是迄今为止世界上规模最大、随访时间最长的反映阿尔茨海默病（Alzheimer's disease, AD）诊断前生物标志物变化的纵向队列研究，贾建平团队在中国人群中进行了长达20年的观察，首次揭示了AD无症状期到有症状期脑脊液和影像学生物标志物的动态变化规律，详尽阐明了AD发病出现生理病理变化最早的关键节点，为靶向Aβ等相关病理蛋白的抗AD新药提供了时间窗指导，也为AD超早期诊断和精准干预提供了强有力的证据。这是中国AD领域首次在国际顶级刊物*the NEJM*发表研究型论著，彰显了中国在世界AD研究领域的领先地位。

12. "伟哥"可改善大脑血流有助于预防痴呆症

Bio生物世界2024年6月10日报道，西地那非（俗称"伟哥"），是美国FDA批准的治疗勃起功能障碍和肺动脉高压的药物，这种药物在全世界范围已被广泛使用。近年来，华人学者程飞雄教授研究发现，西地那非的使用与阿尔茨海默病风险降低显著相关，这提示了西地那非作为阿尔茨海默病的预防和治疗方法的潜力。最近，一项新的临床试验显示，西地那非能够改善大脑血流量并有助于预防痴呆症。研究团队表示，这项研究非常令人鼓舞，强调了使用现有药物预防血管性痴呆的潜力，标志着在对抗这种让人衰弱的疾病方面迈出了关键一步。这项研究的意义在于，它有可能改变目前缺乏特异性治疗方法的血管性痴呆的治疗和预防。

13. "北脑二号"实现突破

第一财经2024年4月28日报道，在猴子颅内植入一片牵着柔软细丝的薄膜，猴子不用动手仅用意念就能控制机械臂抓取草莓。在4月25日"2024中关村论坛"上，由北京脑科学与类脑研究所联合北京芯智达神经技术有限公司自主研发的"北脑二号"脑机接口重大成果正式亮相，填补了国内高性能侵入式脑机接口技术的空白。据研发团队介绍，这是在国际上首次实现猕猴对二维运动光标的灵巧脑控拦截。早在2021年，埃隆·马斯克创立的脑机接口公司Neuralink就已经展示了让猴子通过意念操作游戏杆的视频。"北脑二号"柔性电极的有效通道数、长期稳定性等指标均达国际领先水平。"北脑二号"系统已经在猴子颅内稳定植入将近1年，在全球首次实现猕猴通过意念控制对二维运动目标的脑控拦截，解决了大规模单细胞信号长期稳定记录和实时解码的国际前沿难题，电极性能关键指标国际领先。

三 新材料与精细化工

1. 中国成功研发出燃料电池材料

快科技2023年11月28日报道，太原钢铁（集团）有限公司首次开发出超级超纯铁素体TFC22-X连接体材料，已经实现了批量供货。这项材料填补了国内空白，解决了燃料电池行业关键战略材料"卡脖子"问题。燃料电池技术是近年来发展最为迅猛的新能源技术之一，可在中高温下直接将燃料的化学能高效、低碳、环保转化成电能，发电效率可达60%以上，热电联产效率可达85%以上。研发团队突破了特殊元素含量精确控制的关键技术瓶颈，解决高特殊不锈钢的冶金难题。同时还开发了一系列针对韧性控制的变形制度、加热和冷却技术，实现了高铬铁素体不锈钢的稳定生产，解决了系列产品热处理及酸洗的技术难题，确保产品性能和表面质量得到稳定控制。

2. 中国"机器化学家"成功创制火星产氧电催化剂

央视新闻2023年11月14日报道，火星作为地球的"邻居"，已成为当前太阳系探测和行星科学的焦点。人类要想到火星开发资源或移居火星，首先要克服的是缺乏氧气的火星环境。最近，中国科学技术大学与深空探测实验室研究团队合作，通过人工智能驱动机器人实验，利用火星陨石成功创制出实用的产氧电催化剂，为未来火星探测和地外文明探索提供了新的技术手段，这一成果2024年11月14日在国际期刊《自然·合成》上发表。火星上可能存在水资源，科学家提出，利用电催化剂将水分解生产氧气，或许可以成为未来人类开发或移居火星的重要支撑。从地球上运送成"吨级"的催化剂去火星，首先成本太高，另外因为重力、光照、空气等不一致，地球的化学品可能出现"水土不服"，所以在火星上就地取材创制电催化剂，成为亟待解决的难点之一。中国科学技术大学与深空探测实验室研究团队合作，采用前期研制的机器化学家"小来"

平台，高效融合人工智能和自动化机器实验，进行产氧电催化剂的创造和制备。机器化学家"小来"系统包括移动机器人、计算大脑、云服务器和多个不同功能的化学工作站，能够执行高通量实验任务。理论模拟与精准实验双循环的机器自动化过程集成了原料准备、样品合成、性能测试和配方优化步骤，这种智能研究范式极大地加速了新材料发现过程，最终，机器人在两个月内就完成了普通人类化学家需要做2000年的复杂优化工作，利用火星陨石制备出了实用的产氧电催化剂。

3. 我国科学家发现战略性金属新矿物有望打破国外垄断

快科技2023年10月5日报道，由中核地质科技有限公司葛祥坤、范光和李婷研究员等研究发现的新矿物铌包头矿（niobobaotite）获得国际矿物协会新矿物、命名及分类委员会的正式批准，批准号为IMA 2022-127a。这是我国核地质系统成立近70年来发现的第13个新矿物。铌包头矿发现于世界著名的内蒙古包头市白云鄂博矿床，铌金属在电容器、高强度合金钢等多个领域具有广泛的应用价值，尤其在国防、航天和高档次民用电器方面，其用途非常广泛。传统的铌矿我国此前发现得极少，主要依赖从澳大利亚和巴西等地进口。这一次发现的铌包头矿，不仅储量丰富，而且质量高，对于中国减少进口依赖，提高自主研发和生产能力具有重大意义。

4. 青拓集团成功轧制出0.015毫米超薄手撕钢

据快科技消息，2023年11月10日，青拓冷轧科技成功轧制出0.015毫米超薄手撕钢，刷新世界纪录。手撕钢，即用手可以撕裂的不锈钢，学名不锈钢箔材，是一种薄如蝉翼、价比黄金的钢材质。手撕钢被广泛应用于航空航天、电子、新能源和医疗器械等多个领域，大到飞机、光伏发电板，小到折叠手机屏都可以见到它的身影。因材料性能优、技术难度大、设备精度高等原因，手撕钢素有"钢铁行业皇冠上的明珠"的美誉。此前，该技术一度被日、德等工业强国垄断。青拓冷轧科技研发团队经过上百次失败，最终通过优化工艺、提高操作技能，实现了使用国产化设备轧制出0.015毫米厚、600毫米以上宽度的手撕钢的技术突破。

5. 北京大学研制出全球首个110GHz纯硅调制器

讯石光通讯网2023年10月24日消息，北京大学电子学院王兴军教授、彭超教授、舒浩文研究员联合团队在超高速纯硅调制器方面取得创纪录突破，研制出全球首个电光带宽达110GHz的纯硅调制器，是2004年Intel在《自然》报道第一个1GHz硅调制器后，国际上第一次把纯硅调制器的带宽提高到100GHz以上。该纯硅调制器同时具有超高带宽、超小尺寸、超大通带及CMOS工艺兼容等优势，满足了未来超高速应用场景对超高速率、高集成度、多波长通信、高热稳定性及晶圆级生产的需求，对于下一代数据中心的发展具有重要意义。10月20日，相关研究成果以"110GHz带宽慢光硅调制器"（"Slow-light silicon modulator with 110-GHz bandwidth"）为题，在线发表于《科学》子刊《科学·进展》（Science Advances）。

6. 我国科学家实现无液氦极低温制冷

《科技日报》2024年1月12日报道，《自然》在线公布了一项关于极低温制冷的重要进展，来自中国科学院大学、中国科学院物理研究所以及中国科学院理论物理研究所等单位的研究人员，在钴基三角晶格磁性晶体中首次发现量子自旋超固态存在的实验证据。研究人员利用该晶体材料，通过绝热去磁获得了94毫开（零下273.056℃）的极低温，成功实现无液氦极低温制冷，并将该效应命名为"自旋超固态巨磁卡效应"。这一新物态与新效应的发现将为我国解决在深空探测、量子科技、物质科学等尖端领域研究的极低温制冷"卡脖子"难题奠定基础。

7. 世界上第一个石墨烯半导体的迁移率比硅快10倍以上

快科技2024年1月4日报道，世界上第一个由石墨烯制成的功能半导体问世，相关论文发表在《自然》上。这篇论文题为"碳化硅上的超高迁移率半导体外延石墨烯"，主导研究的是天津大学研究团队。石墨烯可以用来制作晶体管，由于石墨烯结构的高度稳定性，这种晶体管在接近单个原子的尺度上依然能稳定地工作。相比之下，以硅为材料的晶体管在10纳米以下，稳定性会变差。测量表明，这种半导体石墨烯在室温具有硅的10倍以上的迁移率。研究团队表示，该研究对未来石墨烯电子学真正走向实用化具有重大意义。

8. 广东科学家成功研发出新型稀土开采技术

新华社讯，2023年9月15日在广东省梅州市举行的科技成果评价会上，中国科学院广州地球化学研究所何宏平团队宣布成功研发出风化壳型稀土矿电驱开采技术，稀土回收率提高约30%，杂质含量降低约70%，开采时间缩短约70%，同时还克服了现有铵盐原地浸取技术在生态环境、资源利用效率、浸出周期等方面存在的问题。

9. 西方国家试图追赶中国向稀土价值链上游移动的趋势的步伐

观察者网2024年1月22日消息,"中国过去常常向西方国家提供廉价的原材料,用于生产清洁能源领域的高端产品。如今,中国正在进口上游产品,然后出口下游的增值产品"。香港《南华早报》1月22日报道,中国正向稀土价值链的上游移动,西方则试图追赶。上个月,一家中国企业买下了加拿大第一个,也是唯一一个正在运营的稀土矿的全部库存,并收购了拥有该矿山项目的澳大利亚公司Vital Metals的9.9%股份。随后以美国、澳大利亚、加拿大和欧盟为首的西方国家和组织宣称要发展自己的稀土供应链,以减少对中国的依赖,上述收购交易表明,中国正寻求从西方进口上游产品,然后反过来向这些国家出口增值产品。在稀土供应链中,上游生产包括稀土元素的开采,以及氧化物的提取和分离;下游主要生产永磁体,可以用于电动汽车。

四 新能源

(一)新能源新动态

1. AI是耗电费水"大魔王"

金羊网2024年5月4日报道,人工智能正在重塑人们的生活。多项研究表明,大模型运行极其耗电费水,也会带来极高的碳排放量。根据斯坦福人工智能研究所发布的《2023年人工智能指数报告》,OpenAI的GPT-3单次训练耗电量高达1287兆瓦时(1兆瓦时=1000千瓦时），也就是128.7万度电。据美国国家环保署评定，特斯拉Model Y每百英里（161公里）耗电28千瓦时，1287兆瓦时相当于23辆特斯拉每辆跑满20万英里（32.2万公里）。大多数司机表示，30多万公里是一般汽车正常行驶总里程的上限。这意味着，大模型的单次训练耗电，就相当于23辆特斯拉跑到报废所需要消耗的电量。AI的耗电主要来自两个阶段——训练阶段和推理阶段。服务于AI的芯片制造也是一个高度复杂和精密的过程，涉及大量的清洗和化学处理步骤，这些步骤通常需要用到超纯水。生产一个智能手机芯片需要消耗5吨多的水。此外，AI超算数据中心还需要大量水来散热。中国作为全球算力总规模排名第二的国家，正在通过提升AI和电力相关技术、优化数据中心软硬件技术，以及利用丰富的绿色电力资源来应对AI耗电问题。在海南陵水，海平面下30余米的海床上，单个重达1300吨的数据舱安静地运转着，这是全球首个商用海底数据中心项目。

2. 我国最深地热科探井完钻

新华社北京2024年4月8日电，中国石化部署在海南的福深热1井顺利完钻，井深达5200米，刷新了我国最深地热科探井纪录。该井的成功钻探，揭示了华南深层地热形成与富集机理，意味着我国干热岩勘探在地区和深度上取得新突破，对提升我国华南地区地热资源规模化开发利用、助力区域能源结构调整有重要意义。福深热1井钻探目标为2.5亿年前的花岗岩，属于深层干热岩地热井。自2023年8月开钻以来，该井应用了"双驱钻井+高压喷射"等多项自主研发的创新技术，在近3900米温度超过150℃，达到高温地热标准，在5000米温度超过180℃，达到国家能源行业标准规定的干热岩温度界限，形成了深层地热资源探测评价关键技术，达到科学探井预期目标和任务要求。

3. 美国"核聚变点火"寻求人类终极能源

凤凰网科技2023年8月7日报道，美国能源部下属劳伦斯利弗莫尔国家实验室（LLNL）宣布，美国科学家重现了"核聚变点火"突破，第二次在核聚变反应中实现了净能量增益。2022年12月，该实验室首次实现了"核聚变点火"，也就是核聚变所产生的能量等于或超过了输入能量，实现了"净能量增益"，这是人类历史上的首次。2023年7月30日，该实验室的科学家在国家点火装置（NIF）进行的一次实验中重现了"核聚变点火"突破，产生了比2022年12月实验更高的能量输出。这次实验的初步数据显示，此次核聚变实验产生的能量输出大于3.5兆焦耳。这些能量足以为一台家用熨斗提供一个小时的动力。科学家们在大约一个世纪前就知道核聚变为太阳提供能量，几十年来他们一直在地球上研究核聚变。如果企业能在未来几十年将这项技术提升到商用水平，这样的突破有朝一日可能有助于遏制气候变化。聚变能源具有无限、经济、可计划、清洁、安全等诸多优点，是目前科学发展水平下人类能够掌握的终极能源形式，甚至会推动人类文明进入下一个发展阶段。

4. 中国建成全球首个全高温超导核聚变实验装置

界面新闻报道，2024年6月18日，能量奇点能源科技（上海）有限公司宣布，由该公司设计、研发和建造的洪荒70装置成功实现等离子体放电。该装置为全球首台全高温超导托卡马克装置，也是全球首台由商业公司研发建设的超导托卡马克装置。当前可控核聚变技术路线主要有3种：重力场约束核聚变、激光惯性约束核聚变和磁约束核聚变。其中，磁约束核聚变的研究装置主要包括托卡马克、仿星器、反向场箍缩及磁镜等。高温超导材料能够显著提升磁场的强度，更有效地约束等离子体，从而提高聚变反应效率。

5. 中国首次将AI技术规模化用于输电线路发热检测

《科技日报》2023年8月11日从华北电力大学获悉，由国网电力空间技术有限公司联合该校等单位研发的输电线路红外缺陷智能识别系统，在我国主要超特高压线路运维方面实现产业化应用。这是国内首次将人工智能技术规模化应用于输电线路发热检测。据悉，迎峰度夏期间，全国气温不断升高，电力负荷急剧增加，为保障电网安全稳定运行，要及时发现线路缺陷隐患。以往用人工智能识别红外影像数据的流程比较复杂，且需由人工现场判别画面中的发热故障点，易受检修人员经验、注意力等因素的影响而造成遗漏；此外，红外视频数据量庞大，复检工作难度极大且效率低下，易造成绝缘子掉串等危险事件。而利用新研发的输电线路红外缺陷智能识别系统，仅需一键上传巡检红外视频就能快速抽帧并智能识别发热缺陷，可辅助线路运维单位及时消除线路跳闸停电的隐患。

6. 新一代人造太阳"中国环流三号"取得重大进展

财联社2023年8月27日报道，新一代人造太阳"中国环流三号"取得重大科研进展，首次实现100万安培等离子体电流下的高约束模式运行，再次刷新我国磁约束聚变装置运行纪录，攻克了等离子体大电流高约束模式运行控制、高功率加热系统注入耦合、先进偏滤器位形控制等关键技术难题，是我国核聚变能开发进程中的重要里程碑，标志着我国磁约束核聚变研究向高性能聚变等离子体运行迈出重要一步。为实现聚变能源，需要提升等离子体综合参数至聚变点火条件。磁约束核聚变中的高约束模式（H模）是一种典型的先进运行模式，被选为正在建造的国际热核聚变试验堆（ITER）的标准运行模式，能够有效提升等离子体整体约束性能，提升未来聚变堆的经济性，相较于普通的运行模式，其等离子体综合参数可提升数倍。

7. 国产商用飞机首次成功用"地沟油"上天

金羊网报道，2024年6月5日，中国商飞公司一架ARJ21支线飞机和一架C919大型客机各自完成了一场特别的演示飞行任务。两架飞机分别从上海浦东机场和山东东营机场起飞，经过1个多小时的飞行，圆满完成首次加注可持续航空燃料（SAF）演示飞行任务，展现了加注SAF后两型国产商用飞机的良好飞行性能。两型国产商用飞机演示飞行所使用的SAF采用中国石化自主研发生物航煤生产技术，原料来自俗称"地沟油"的餐余废油。餐余废油经回收处理后在中国石化镇海炼化建成的国内第一套生物航煤工业装置进行加工，产出生物航煤，实现绿色资源化利用。这款生物航煤与目前应用最广泛的航空煤油（3号喷气燃料）的体积掺混比例为40%，各项物性参数均与传统石油基燃料一致，符合国家标准及行业要求。国际航空运输协会（IATA）预测，截至2025年，全球可持续航空燃料使用量将达到700万吨；2030年将达到2000万吨。以目前我国每年3000多万吨的航煤消费量计算，如全部以生物航煤替代，一年可减排二氧化碳约5500万吨，相当于植树近5亿棵。

8. 硬币大小却能自己发电50年的核能电池

芯智讯2024年1月20日消息，国内企业贝塔伏特出台民用原子能电池并准备量产。不用维护就能发电50年，且很稳定。早在2018年，"嫦娥"探测器就已经用上了原子能电池，但还不能量产。电池比硬币还要小，尺寸为15毫米×15毫米×5毫米。材料选择高纯度的镍-63作为电源。电池的功率只有100微瓦，电压3伏，体积小，能几块串起并联使用。量产之后，适用于医疗器械、高级传感器、微型机器人等民用领域。2015年，俄罗斯科学家已研制出镍-63核能电池，因为卡在成本和量产上，一直无法民用。

9. 欧盟重大错误使其能源安全落后于中国和美国

FT中文网2024年4月15日讯，国际能源署（IEA）负责人批评欧洲在能源政策上犯了"两个历史性重大错误"，即依赖俄罗斯天然气和放弃核电，从而落后于中国和美国。这家能源监督机构的执行董事法提赫·比罗尔（Fatih Birol）向英国《金融时报》表示，欧洲工业现在正在为这些错误付出代价。欧盟需要"一份新的工业总体规划"才有望恢复元气。

（二）电池与新能源汽车

1. 智己汽车推出"第一代光年固态电池"

锂电网消息，2024年4月8日，在智己L6技术发布会上，业内首个准900伏超快充固态电池正式亮相，智己官方称之为"第一代光年固态电池"。其CLTC（China Automotive Test Cycle，中国汽车行驶工况）续航里程超过1000千米，峰值充电功率400千瓦，12分钟续航增加400千米，并且更加安全。搭载这款固态电池的L6光年版预售价不超过33万元。光年固态电池跟100千瓦时液态电池采用的电池包尺寸一样，电芯尺寸也一样，都是204颗电芯。智己工作人员在直播时提到了这款电芯大概相当于60个iPhone的电池电量（最新iPhone超过3000毫安的容量）。根据发布会的信息，100千瓦时的电池系统能量密度为180瓦时/千克，质量成组效率为180÷239=75.3%。值得一提的是，这款电芯的容量183.5安和能量密度300瓦时/千克双双超过了宁德时代首款麒麟电池的182.5安以及285瓦时/千克。智己L6搭载的"第一代光年固态电池"，本质上是含有机隔膜，并且增加了氧化物电解质涂层的半固体电池，跟目前的液态电池设计类似，并不算具有颠覆意义的物种。

2. 我国新能源汽车保有量达2472万辆

《北京青年报》2024年7月9日报道，据公安部统计，截至2024年6月底，全国机动车保有量达4.4亿辆，其中汽车3.45亿辆，新能源汽车2472万辆，占汽车总量的7.18%。其中，纯电动汽车保有量1813.4万辆，占新能源汽车总量的73.35%。全国有96个城市的汽车保有量超过100万辆，同比增加8个城市，43个城市超过200万辆，26个城市超过300万辆。其中，成都、北京、重庆汽车保有量超过600万辆，上海、苏州、郑州汽车保有量超过500万辆。全国机动车驾驶人数量达5.32亿人，其中，汽车驾驶人数量为4.96亿人，占驾驶人总数的93.17%。

3. 中国电动汽车优势巨大的原因

凤凰网科技2023年11月2日报道，美国媒体称，电动汽车是汽车产业的未来。中国制造的电动汽车现在不仅主导着国内这个世界上最大的汽车市场，出口量也在不断增加。除了在汽车制造上掌握了低成本优势和先进技术外，中国还开始主导电动汽车供应链，这让其他国家的汽车制造商更加难以缩小差距。美媒通过以下5点解释了中国电动汽车建立的巨大优势：一是中国电动产业的规模。中国品牌约占全球电动汽车销量的一半。二是中国在电池方面的优势最为明显。它是电动汽车最昂贵的组件。目前，超过80%的电动汽车电池芯是在中国制造的。三是中国在消费者、制造商以及基础设施三方面提供补贴。截至2023年5月底，中国拥有636万个电动汽车充电桩。中国汽车品牌还开设了数百个换电站，可以快速将电量不足的电池换成充满电的电池。四是出口大增。2023年前9个月，中国出口了82.5万辆电动汽车，比2022年同期增长了110%。中国的出口主要流向欧洲，在那里，无论是进口汽车还是国产汽车，消费者都可以获得补贴。五是其他国家依赖中国技术。目前，美国只有10款车型有资格获得《通货膨胀削减法案》提供的全额补贴。

4. 日本、新加坡、菲律宾联盟应对中国电动车竞争

国际财闻汇2024年5月20日讯，据日经新闻报道，日本与东南亚国家联盟正联手筹划在该区域内实施首个汽车生产和销售联合战略。此举旨在加强双方在汽车行业的合作，共同抵御外部市场的竞争压力。该战略计划已被设定为一项中期目标，预计将在2035年前后达成。联合战略预计将涵盖多个方面的合作，包括人员培训、生产过程的脱碳化、矿产资源采购，以及在生物燃料等下一代汽车能

源领域的共同投资。日本经济产业省计划利用其南半球援助预算中的1400亿日元（约合8.9951亿美元），专门用于支持这一战略中的人员培训项目。本田汽车公司宣布，为应对来自比亚迪等中国汽车制造商的激烈竞争，计划到2030财年将其在电气化和软件领域的投资增加1倍，达到约650亿美元。

5. 加氢模式败退美国

快科技2024年2月11日报道，对于未来能源的探索，氢是其中一大热门，包括丰田、现代、本田等多家车企都有相关研发。2月8日，能源巨头壳牌宣布永久关闭加州旗下所有的汽车加氢站。在加州共有55座加氢站，壳牌运营着其中的7家，这给当地氢能源市场带去了沉重打击。在壳牌关停加氢站之前，加州拥有的55个加氢站中，已经关闭了11个，而且还不算无法正常运营的。同时，美国两大加氢站运营公司之一、来自日本的Iwatani，正在起诉为其加氢站提供核心技术的挪威公司Nel。声称Nel存在虚假承诺、虚假陈述等欺诈行为，导致Iwatani在加州运营的加氢站频频出现问题，无法正常营业。加州还是美国唯一的氢能源汽车市场，丰田Mirai、现代Nexo和本田Clarity在美销量基本都由加州贡献，加氢站关闭，意味着那些买了氢能车的消费者将举步维艰。

6. 中国将突破汽车运输瓶颈

观察者网2024年2月12日讯，随着以比亚迪、上汽为代表的中国车企开启"国车自运"时代，日本《日经亚洲评论》发文称，中国电动汽车2024年将在欧洲"掀起更大波澜"。2024年2月，装载5000余辆电动汽车的比亚迪"出海舰队"首条滚装船将停靠荷兰和德国港口。德国汽车行业分析师认为，此前远洋运力缺乏是中国汽车海外市场份额增长的"最大障碍之一"，但2024年这一障碍会被突破，"市场环境也将发生巨大变化"。2024年1月16日，一艘名为"比亚迪探索者1号"（BYD EXPLORER No.1）的运输船在山东烟台龙口交付离港，该船装载5449台比亚迪新能源车缓缓驶出深汕小漠国际物流港，首航启程前往欧洲。这是首艘由国内船厂建造、专门用于国产汽车出口的汽车运输船。2023年，中国成为世界最大汽车出口国，出口量达491万辆，中国车企在欧洲的市场份额逐渐增长，达到3%。中国的汽车运力只占世界总量的3%，运输瓶颈阻碍了中国车企的发展。比亚迪计划在两年内获得8艘7000车位滚装船，形成自己的独家出海舰队。

装载着新能源汽车的"比亚迪开拓者1号"从烟台港启航。来源：中集来福士

7. 10年后全球智能电动车企十强中国将占一半

快科技2024年3月17日报道，在中国电动汽车百人会论坛（2024）上，蔚来汽车CEO李斌表示：10年后，全球智能电动汽车产业的前十名里，将有5家是中国公司，目前比亚迪和包括沃尔沃在内的吉利控股都已经预留了席位。中国是全球最开放的汽车市场，然而，中国企业在向其他国家的用户提供服务时，面临的门槛和壁垒却相对更高。日本和韩国车企现在在全球汽车产业中占据着40%的份额，但在不久的将来，中国在全球汽车市场的竞争中将会超越日本和韩国。"现在大部分新能源车都是8年质保，开了十几万公里后电池只能保证70%的健康度，一旦降到70%以下，安全性就会急剧下降，用户使用体验大大受影响，"李斌说，"未来8年会有1940多万辆新能源车的电池质保到期。"

8. 院士欧阳明高回应新能源汽车六大质疑

快科技2024年3月17日报道，在中国电动汽车百人会论坛（2024）上，百人会副理事长、中国科学院院士欧阳明高针对当前社会上对新能源汽车的种种质疑做出回应。对于部分人说"电动化是西方设下的陷阱"，欧阳明高指出这不符合事实，发展新能源汽车是中国政府综合考虑石油安全、大气污染、产业升级因素实施的重大国家战略。2015年中国新能源汽车产销成为全球第一，中国首次在全球率先成功大规模导入高科技民用大宗消费品。2016年是全球纯电驱动技术转型的标志性年份，中国新能源汽车市场占有率超过1%之后，各国开始转型。对于电动车更易自燃的话题，欧阳明高指出，据国家消防救援局的数据：2023年一季度自燃车辆中，燃油车有18360辆，新能源车有640辆。如果计算自燃率，燃油车为

18360/31771万，约万分之0.58，而新能源车为640/1445.2万，约万分之0.44，自然概率"比燃油车还低"。中国也是汽车智能化领先的国家之一，电动汽车具有智能化的先天优势，燃油车自动驾驶无法跟电动汽车相竞争。此外，针对电动汽车不是新能源汽车、电池回收污染、补能问题等质疑，欧阳明高也逐一进行了反驳与释疑。

2021—2023年的数据显示，根据美国国家运输安全委员会（NTSB）和交通统计局的统计，电动汽车每10万台中仅有25起火灾，而传统燃油汽车每10万台中有1530起火灾，即电动汽车的自燃率为0.025%，传统燃油汽车的自燃率为1.5%；混合动力汽车的自燃率为3.475%。

9. 特斯拉Cybertruck新接口支持无线充电

IT之家2024年3月22日消息，特斯拉计划为其电动汽车加入无线感应充电功能，这一迹象来自近期发现的Cybertruck电池组的一个新接口。此前，特斯拉一直对为电动汽车加入无线充电功能不感兴趣。毕竟，用传统充电线为汽车充电并不是一项特别麻烦费时的事情。然而，特斯拉曾谈到过为了自动驾驶技术的到来而使充电过程自动化。如果汽车能够自动驾驶，那么它们也最好能够在无需人类干预的情况下自动充电，这将非常实用。不过，无线充电也存在一些问题，例如效率低下。传统无线充电的损耗通常高于使用充电线，但近年来的一些新技术，例如磁共振充电，宣称可以达到与使用充电线类似的95%的效率。Cybertruck车主俱乐部成员在车辆服务手册中发现了Cybertruck电池组上名为"感应式充电器接口"的连接器部件。这意味着当无线充电站上市后，特斯拉可以为Cybertruck加装感应式充电面板。

10. 新能源车企的两种模式

FT中文网2024年4月12日讯，小米新车亮相之际，"大而全"和"大而散"两种造车模式也基本定型，这两种模式各有利弊，但从创新角度看，只有一种模式可以胜出。整体来看，特斯拉、小米、蔚来、理想等众多新势力厂商采用的是尽可能外包的生产方式，外包企业散落在各个细分领域。与之对立的，是比亚迪的尽可能自己生产的方式。前者被称为"大而散"的生产模式，后者为"大而全"模式。"大而全"就是以一己之力打天下。"大而散"则是以整个市场之力打天下。对于消费者来说，充分竞争的市场就是好市场，不管是"大而全"还是"大而散"，国产的、合资的还是进口的，只要其在公平的环境下竞争，市场就能得到最充分的发展。

五 航空航天及天文

1. 星舰第四次试飞成功

天下事公众号2024年6月6日消息，当天，SpaceX星舰第四次试飞，超重型助推器在墨西哥湾成功软着陆。星舰本体实现可控再入，成功在印度洋溅落。马斯克在社交媒体上表示，SpaceX星舰尽管失去了许多瓷砖和受损的襟翼，星舰还是在海洋中实现了软着陆。第四次试飞的重点不再是进入轨道，而是展示返回和重复利用"星舰"飞船及"超级重型助推器"的能力。根据发射直播画面，"星舰"第四次发射点火后，"超级重型助推器"有一台发动机没有点火，但由于该火箭采用了冗余设计，允许一定数量发动机失效，因此一台发动机失效没有影响火箭的飞行，而且"超级重型助推器"顺利溅落到预定海域，此前三次试飞都没有达到这一目标。

2. 谷神星一号海射型（遥二）·新浪微博号运载火箭成功发射

《中国航天报》2024年5月29日消息，新浪微博号运载火箭是基于谷神星一号运载火箭为满足海上发射适应性改进的产品，为四级固体商业运载火箭。不同于陆地发射，在海上发射卫星是一种全新模式，具有灵活性强、任务适应性好、发射经济性优等特点，可灵活选择发射点和落区，满足各种轨道有效载荷发射需求，有效解决外界长期关注的落区安全问题，为各类中低轨小卫星提供质优价廉的发射服务。此次任务是星河动力航天公司完成的第二次海上发射任务，火箭顺利将天启星座21星至24星送入800公里预定轨道。天启星座是国内获得卫星通信频率许可证并组网运营的商业低轨道小卫星通信星座，建成后将实现全球覆盖，可满足政府、行业、个人等应用方向的海量数据广域采集需求，并能够提供低成本化的物联网信息服务。

3. 波音"星际客机"飞船成功与国际空间站对接

IT之家2024年6月7日报道，"星际客机"在早些时候几个氦推进器泄漏的情况下仍顺利实现了会合，NASA和波音公司表示这"应该不会"影响任务完成。身穿蓝色宇航服的两人以头朝下的失重状态穿过铺有软垫的通道，陆续进入了空间站，受到空间站内7名常驻宇航员的热情拥抱、握手欢迎。这7名常驻宇航员中，有4人来自美国，3人来自俄罗斯。根据计划，两名宇航员将在空间站上停留约8天，再乘坐"返航飞机"离开。截至6月7日，波音公司已因"星际客机"的挫折而损失了15亿美元（约108.74亿元），还有NASA近50亿美元（约362.46亿元）的开发资金。

4. 日本宣称成为第五个实现登月的国家

枢密院十号报道，日本共同社2024年1月20日称，日本宇宙航空研究开发机构（JAXA）开发的小型探测器"SLIM"20日在月球表面着陆，实现了日本登月"零"的突破。日本由此成为继美国、苏联、中国、印度之后第五个实现登月的国家。不过，着陆后太阳能电池无法发电，电池或在数小时后耗尽。目前正开展优先获取数据的作业，但也可能对原定的调查计划造成影响。因此，本次落月任务"没完全成功""刚刚及格"。日本《读卖新闻》21日在社论中称，SLIM的特点是体积小、重量轻，并是世界上第一个展示"精准着陆"的探测器。

5. 中国科研人员在国际上首次认证宇宙线起源

快科技2024年2月26日报道，宇宙线，也称为宇宙射线，是从外太空来的带电粒子，宇宙线的起源是当代天体物理学最重大的前沿科学问题之一。中国科学院高能物理研究所发布信息，我国科研人员通过位于四川稻城的高海拔宇宙线观测站（LHAASO，"拉索"）在天鹅座恒星形成区发现了一个巨型超高能伽马射线泡状结构，并在国际上首次认证了能量高于1亿亿电子伏特的宇宙线的起源天体。科研人员发现的巨型超高能伽马射线泡状结构直径约为1000光年，其核心到地球直线距离大约5000光年。通过对该泡状结构内部的研究，科研人员认为其内部存在宇宙线加速器，也就是宇宙线的起源天体，并且这个起源天体源源不断地在产生超过1亿亿电子伏特能量的宇宙线粒子。科研人员推断位于这个泡状结构中心附近的大质量恒星星团可能就是他们接收到的宇宙线的起源，科研人员称其为"星协"。

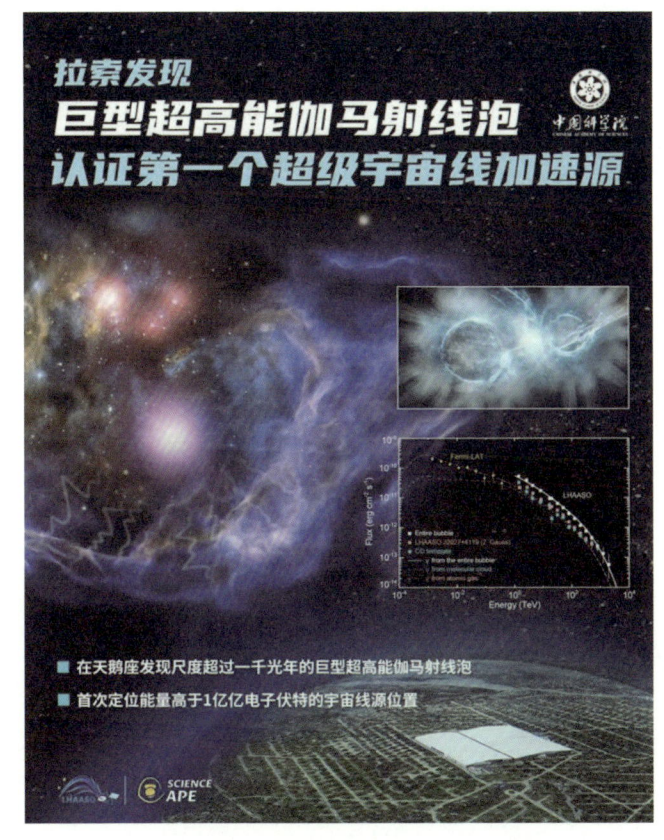

首次认证宇宙线起源。来源：快科技

"星协"是由很多表面温度15000℃～35000℃的恒星组成的密集星团，这些恒星的辐射强度是太阳的几百倍甚至上百万倍。它们巨大的辐射压能够将恒星表面物质吹出，形成强烈的星风，速度可达每秒3000千米。科研人员认证这就是宇宙线加速源，也就是宇宙线起源天体。这一发现在国际科学界尚属首次。

6. 我国首台近红外望远镜可承受零下80℃低温

《科技日报》2024年3月2日报道，我国首台近红外望远镜在南极昆仑站成功运行。中国第40次南极科学考察队利用该望远镜开展了近红外天文观测以及近地空间环境全时段监测实验。研究人员利用我国自主研制的近红外天文望远镜，成功测定了昆仑站全天空的近红外天光背景亮度等关键数据，为昆仑站开展全年天文和空间观测提供了坚实基础。据悉，此次投入使用的近红外天文望远镜，可以承受零下80℃的极寒气温，并且无惧"地吹雪"对设备的干扰。

六 其他科技信息

1. 台积电等企业对敏感技术保护起来防止外流

凤凰网科技2024年6月4日报道，台积电一直将自己最先进的技术留在中国台湾当地，不到外面去建厂，虽然在美国要建5纳米、3纳米，但2纳米留在中国台湾，另外5纳米、3纳米工艺也是量产很久后，才到美国去建。ASML的EUV光刻机制造技术也只留在荷兰，不能共享，甚至连核心供应链蔡司等企业，都要绑到自己的战车上，让其他企业得不到。三星利用日本的蒸镀机造出了OLED屏后，直接就和对方签订独家协议，只有当自己不需要时才将蒸镀机卖出去。而最近，日本为了保护自己的5项先进技术，也特意坚持这些技术的"研发在本土，最先进的工厂也留在本土"，甚至销售出口也要进行管制。这5项技术分别是半导体、先进电子零部件、蓄电池、机床及工业机器人、飞机零部件。

2. 智能汽车将领跑国产高端车市场

《羊城晚报》2024年6月4日报道，国产豪车市场正经历结构性调整，传统品牌面临下滑挑战。随着国产新能源车品牌的崛起以及科技界人士的加入，市场格局正发生变化。5月，尽管国内车市仍处传统淡季之中，但备受关注的"新势力品牌"成员却迎来集中环比回暖。华为常务董事、终端BG董事长、智能汽车解决方案BU董事长余承东表示，鸿蒙智行首款行政级豪华轿车享界S9，风阻极低，搭载途灵平台与ADS 3.0系统，动力强劲。该车预售价45万～55万元，将亮相粤港澳大湾区车展。2024年一季度，豪华/进口车品牌经销商约三分之一亏损。全球范围内，豪华汽车市场也呈现出销量下滑趋势。对于华为在智能汽车领域的成功，余承东强调，得益于其"5个智能"的战略布局。其中，智能驾驶是华为投资最大的领域，通过不断的技术创新和研发，华为在智能驾驶领域取得了显著成果。

3. 中国"密码技术"加速出海

第一财经2024年6月4日报道，即将开幕的第十届中国（上海）国际技术进出口交易会，延续2023年首设的商用密码展区，并首次增设密码科普展示与活动区域。G60商用密码产业基地将发挥上海产业、人才、技术和科研优势，打造商用密码产业集群，致力于建设成为国内领先、国际一流的"国家商用密码应用与创新发展基地"，成为全国商用密码应用示范区、产业集聚区和创新策源地。目前，格尔软件、智巡密码、观源科技、亚数信息、信长城、浪潮、三未信安、海泰方圆、人大金仓等30余家国内知名行业企业已经入驻，完成注册的企业共57家，"相当于全国约十分之一的行业头部企业已陆续聚集于此，预计到2024年年底整个基地将有各类技术人才800人左右"。从整个经济环境而言，安全密码行业的企业当前普遍面临较大的盈利挑战。接下来创新型密码产品将会逐渐走向服务化，软件及服务的创新模式将会越来越多地替代传统的硬件模式。

4. 日本投入100亿日元力图让研究论文可免费阅读

《中国科学报》2024年6月3日消息，据《自然》报道，2024年6月，日本文部科学省将向大学拨款100亿日元，在全国范围内建设免费阅读研究论文所需的基础设施。日本是最早在开放获取方面取得显著进展的亚洲国家之一，也是世界上最早制订全国开放获取计划的国家之一。在此之前，美国于2022年实施了开放获取授权，要求从2026年起，所有由美国纳税人资助的研究都可以免费获得。日本则紧随美国，加快学术出版向开放获取转变。

2024年2月，日本文部科学省宣布该国将向开放获取转型，并表示将投资100亿日元（约合6300万美元）建设标准化存储库——专门存储科学论文、基础数据和其他材料的网站。在日本大约800所大学中，已有超过750所大学拥有存储库。以后，每所大学存储库所用的基础软件都将是相同的。2024年3月，日本承诺到2040年该国博士人数将增加两倍。此前发布的一份报告称，日本的博士毕业生人数正在下降。

5. 美国的"中国行动计划"至今仍在行动

观察者网2024年6月4日消息，2022年2月，美国司法部宣布终止特朗普政府期间启动的"中国行动计划"（China Initiative）。但两年多过去了，这一臭名昭著的计划至今仍阴魂不散。据彭博社2024年5月29日报道，苏珊是美国弗吉尼亚大学生物医学成像专业的二年级博士生，因为害怕遭遇报复，她没有透露真实姓名。5个月前，她回国看望父母，不料却在华盛顿杜勒斯国际机场入境美国时遇阻，被关在一个寒冷的房间里整整一夜。最后，她被取消学生签证，遣返回国，并被禁止入境5年。据彭博社汇编的数据，自2023年11月以来，至少有20名持有有效签证的在哈佛、耶鲁和约翰斯·霍普金斯等美国高校学习的中国学生，遭遇了类似的命运，苏珊只是其中之一。2024年1月，中国驻美使馆网站发布领事提醒公告，"提醒来美中国留学生谨慎选择从华盛顿杜勒斯国际机场入境"。彭博社认为，上述事件凸显出拜登政府内部针对中国留学生的分歧。一方面，美国国务院正常向中国学生和学者签发签证；另一方面，美国海关人员却以"保护国家边境安全"为由，拒绝中国学生和学者入境。"现在，这一计划已被一项零碎的很大程度上隐藏于公众视野之外的举措所取代"，彭博社认为，"中国行动计划"并未停止，而是正通过美国海关人员继续实施。不同的是，这些海关人员没有针对知名学者，而是通过秘密行政行动驱逐学生和员工，因此免受公共问责制和上诉权的约束。据中国新闻网2024年3月不完全统计，过去3年多时间里已有超5000名中国留学生和学者因10043号令被拒签或遭返。（注：10043号禁令，是由美国前总统特朗普在2020年5月29日签署的，它以国家安全为名，禁止特定学生和学者获得签证。该行政令旨在暂停和限制与中国军民融合战略机构有关联的中国公民通过F或J签证进入美国，进行研究生以上学位学习或从事科研。）

6. 联通、移动将跟进卫星通信业务

快科技2024年3月11日消息，天通卫星是目前国产手机等终端实现卫星通信的关键，现在共有3颗在太空，均由中国电信运营。

用户想体验卫星通话、卫星消息不仅需要设备支持，还必须使用中国电信的卡并开通相关业务。2024年年中到2025年年初，联通和移动将跟进支持卫星通信业务，让更多用户体验到卫星通信，加快该业务覆盖率。联通、移动推出卫星通信业务后，可能会有更多套餐推出，并且资费有望降低。中国移动此前宣布，与中兴通讯、是德科技共同完成NR-NTH低轨卫星实验室模拟验证，可以支持手机卫星宽带业务。手机有了卫星通信功能后，用户在无人区或地震等自然灾害发生时，可使用手机直连卫星业务进行应急通信救援。

7. 长三角在新质生产力上的布局

中新网上海2024年3月22日电，3月21—22日在上海举行的长三角新经济年会上，新质生产力成为与会嘉宾讨论的热门话题。专家指出，提出新质生产力，就是要更加强调科技创新的作用。发展新质生产力，非常关键的一点是中国各地需要因地制宜，以提高经济发展效率为准绳，"各地要避免'内卷'，避免重复投资"。一方面，长三角在生物医药、数字医疗、新能源产业等领域具有优势，体现出"新质"。另一方面，在传统产业上，长三角在钢铁、化工等领域也很强，吸引了相关的产业集群。对于这些传统领域的企业而言，发展新质生产力更多体现在绿色发展、智能制造上。从数字经济、绿色低碳、元宇宙、智能终端4个新赛道，到未来健康、未来智能、未来能源、未来空间、未来材料五大方向16个细分领域的未来产业。

8. 中国第三代自主超导量子计算机

快科技2024年4月15日消息，本源量子公司宣布，其最新研发的"本源悟空"超导量子计算机自面世以来全球访问量已超过500万次。自1月6日上线以来,"本源悟空"已经为全球用户提供了3个月的大规模、稳定自主量子算力服务,标志着中国正式步入了量子算力的应用时代。"本源悟空"在硬件、芯片、操作系统以及应用软件4个方面均实现了自主可控,其中国产化率超过了80%,其他部分也通过自主研发有了备用方案。这款量子计算机搭载了72位的自主超导量子芯片"悟空芯",该芯片在中国首条量子芯片生产线上制造,拥有198个量子比特,包括72个工作量子比特和126个耦合器量子比特。此外,"本源悟空"还配备了本源的第三代量子计算测控系统"本源天机",这是国内首次实现量子芯片批量自动化测试,使得量子计算机的整机运行效率提升了数十倍。

9. 上海印发《上海市颠覆性技术创新项目管理暂行办法》

同花顺公众号2024年6月12日讯,上海印发《上海市颠覆性技术创新项目管理暂行办法》,项目围绕集成电路、智能技术、生命健康、能源低碳、高端装备、先进制造、海洋科技等领域,开放式发现、常态化选拔、梯度式培育各类颠覆性技术,点上突破新技术,抢抓先机,并为突破"卡脖子"难题创造新机会;围绕微纳光子与传感、基因与细胞调控、生物合成材料、高端医疗器械、先进机器人、元宇宙、区块链、自动驾驶等领域,开放式发现和系统性布局全产业链技术,开创新技术路线,开辟赛道,实现带动引领;围绕跨尺度生命解析、脑科学、类人与仿生系统、器官医学、生物制造、量子计算与通信、未来能源技术等领域,开放式发现和系统布局多元技术,打造全新技术族群,掌握创新主动权。

10. 中国工程院两名院士认为5G应用不足

快科技2024年5月18日消息，中国工程院外籍院士王江舟表示，5G出现已经快5年了，但发展有点令人失望。"之所以说失望，5G还服务不到垂直行业，主要还是普通消费者的应用，所以就需要6G。6G应用的需求就是通信、感知、计算、AI等一体化融合。"在这之前，中国工程院院士邬贺铨曾表示，5G红利不及预期，6G需要更加多元化、个性化，满足不同应用场景对终端、网速、频谱、智能、安全、时延的差异化偏好。"5G下行为4G的7倍，上行还不到3倍，5G与4G还未拉开差距，用户感知太弱。"邬贺铨指出，6G技术的高挑战性，对高水平标准的国际统一有更高的期望，也更加迫切，闭门造车不可能制定出满意的标准，集思广益才是正道。但是，也有业界人士认为两位院士看法失之偏颇。

广州科技创新成果与进展

第二篇

一　科技政策与平台建设

1. 国内首个5G超高清科创中心即将在广州落成

据《南方都市报》消息，2024年1月26日，广州白云5G超高清科创中心正式封顶，标志着全国首个超高清视频总部大厦即将落成。超高清作为新一代信息技术产业之一，是白云区"6+6"现代产业集群的重要组成部分。当前，白云区正奋力抢占超高清视频产业发展赛道，系统谋划超高清视频产业，致力将白云区建设为世界级超高清视频产业基地。5G超高清科创中心将逐步打造成全国首个"五最"超高清产业园区——最大的超高清内容生产制作基地、最大的超高清转播技术服务中心、最大的4K/8K内容集成分发平台、4K/8K版权交易中心及超高清技术创新人才中心。

2.《广州市数字经济高质量发展规划》发布

财联社2024年5月16日电，广州市人民政府印发《广州市数字经济高质量发展规划》，其中提到，加快先进算力中心建设。积极规划布局高密度数据中心、边缘数据中心、智能计算中心等下一代新型高性能数据中心建设，提升数据感知、数据分析和实时处理能力。加快国家超级计算广州中心升级改造，加快完善自主计算产业生态。大力推动广州人工智能公共算力中心建设，提供普惠人工智能算力服务、数据服务和算法服务。推进高等级绿色云计算平台及边缘计算节点建设，推动计算生态向移动端迁移。构建垂直领域大模型产业生态，面向工业、医疗、交通、金融、教育、科研等领域，加强行业算力建设布局，推动人工智能大模型在高价值应用场景的先试先行，挖掘一批行业示范应用。加强探索超导计算、量子计算、类脑计算、生物计算、光计算等新型计算技术。

3.《广州市人民政府办公厅关于推动新型储能产业高质量发展的实施意见》发布

人民网2023年8月15日消息，广州市发力新型储能产业，全市在建新型储能项目11个，总投资近400亿元，达产后产值可超千亿元。主要项目包括番禺区因湃动力电池和储能电池项目、南沙区巨湾技研储能器件与系统总部基地、黄埔区孚能科技动力电池生产基地项目以及智光变流技术产业化二期项目等。近年来，广州市积极培育新型储能产业，建成一批电化学储能电站、动力电池和储能关键零部件装备制造项目等，2022年广州新型储能产业营业收入约150亿元。为此，广州市政府印发了《广州市人民政府办公厅关于推动新型储能产业高质量发展的实施意见》，全力推进将新型储能产业打造成广州市战略性新兴产业的重要组成部分。

4. 广东再添一个中医类国家级实验室（中医证候全国重点实验室）

据金羊网消息，2023年9月15日，中医证候全国重点实验室在广州启动。该实验室依托广州中医药大学、中国中医科学院西苑医院、杭州极弱磁场重大科技基础设施研究院、广东省中医院（广州中医药大学第二附属医院）共同建设。加上目前正在运行的省部共建中医湿证国家重点实验室，广东已有两个中医类国家级实验室平台。该实验室将聚焦辨证论治理论，开展多学科交叉融合创新研究，打造具有全球领先水平的中医药临床应用基础研究高端科技创新平台，并将致力于建立中医药现代理论研究的新范式，促进中医辨证论治理论临床应用的规范化、客观化、标准化、现代化，促进基于现代科学逻辑和科学数据支撑的新型中医学辨证论治临床诊疗体系的建立与完善，促进中医药高质量传承创新与发展。

5. 暨南大学首个全国重点实验室启动建设

《新快报》讯，暨南大学生物活性分子与成药性优化全国重点实验室建设启动会2023年9月16日在广州召开。该实验室是暨南大学首个全国重点实验室。实验室定位于应用基础研究，面向国家原创新药的重大需求，聚焦先导物成药性优化等重大科技问题，开展针对重大疾病的生物活性分子发现与成药性优化研究，致力于研发具自主知识产权的新药先导物和新药品种，支撑中国生物医药产业高质量发展。

6. 广州新增5名院士

新浪财经报道，2023年11月22日，中国科学院、中国工程院公布2023年院士增选当选院士名单。其中，中国科学院新增院士59名，中国工程院新增院士74名。广州共有5位新当选两院院士，分别是：

马骏，中山大学肿瘤防治中心，研究方向为鼻咽癌疗效；

何宏平，中国科学院广州地球学研究所，研究方向为黏土矿物学、矿物表面物理化学、表生成矿等；

韩恩厚，华南理工大学，研究方向为材料腐蚀机理、腐蚀控制技术等；

邢锋，广州大学，研究方向为高性能混凝土、自修复混凝土及土木工程耐久性等；

刘超，国家毒品实验室广东分中心，研究方向为法医学研究与鉴定。

7. 2024年全国颠覆性技术创新大赛在广州启动

《21世纪经济报道》讯，2024年6月16日，2024年全国颠覆性技术创新大赛暨广州市颠覆性技术创新工作推进活动在广州市黄埔区举行。6月，该赛事启动全国项目征集；7月，参赛项目分成六大重点领域，在全国各个城市举办领域赛；8月，赛事进行总决赛，选出最后的优胜项目。全国颠覆性技术创新大赛是国家颠覆性技术创新重点专项的重要项目发现渠道，采取"自办+联赛"的"奥运会"模式。当前，广州加快构建"研究院+基金+园区"的颠覆性技术创新体系，相继挂牌运行广州颠覆性技术创新中心，设立广州颠覆性技术创新基金，建设广州颠覆性技术创新园。广州已有4个项目入选2023年国家颠覆性技术创新重点专项，位居全国第二，仅次于北京。一批国家颠覆性技术创新项目加速向广州集聚落地，目前，载诚新材料、析芒医疗等6个项目已落地并产业化。广州颠覆性技术创新中心累计实施的项目有46个，其中国际项目占比近50%，成果转化25项，成立公司22家，已在黄埔区落地的企业就有8家，其中有两家产值过亿元。

8. 广州市科协持续打造"科创中国"成果转化新名片

《羊城晚报》报道，2024年4月12日，"科创中国"成果转化2024年"百个基地百场路演"行动启动仪式暨生物医药与大健康领域"科创下午茶"活动在广州生物岛实验室举行。广州市科协持续推动成果转化"四百行动"：百个学会、百个基地、百场路演，促百亿元转化。市科协的"科创中国"成果转化"四百行动"于2023年已组织各类交流对接活动167场，转化落地项目约1625项，转化落地金额达91.67亿元。2018—2023年，创交会成果转化基地总数已发展至96家。市科协立足湾区联动多方资源，联动百家成果转化基地围绕科技创新和成果转化结对百个学会，形成立足广州、覆盖湾区、面向全国的格局。成果转化"四百行动"旨在充分整合"科创中国"平台资源，进一步提升创交会国际化、市场化、专业化、科普化水平。基于此，市科协着力打造"四个一"工作体系，即"建立一套机制、开展一项活动、擦亮一个品牌、形成一批成果"，构建高质量发展新格局，助力加快发展新质生产力。

二 科技产业动态

1. 首台国产商业场发射透射电子显微镜发布

《科技日报》2024年1月20日报道，首台国产商业场发射透射电子显微镜TH-F120在广州市黄埔区正式发布。该透射电镜由生物岛实验室领衔研制，拥有自主知识产权，将打破国内透射电镜100%依赖进口的局面，标志着我国已掌握透射电镜用的电子枪等核心技术，并具备量产透射电镜整机产品的能力。透射电镜具有极高的行业垄断性与技术门槛，国外的知名品牌企业占据着全球透射电镜市场的主要份额。此前，我国透射电镜100%依赖进口，国产化尚属空白。该透射电镜将为我国在材料科学、生命科学、半导体工业等前沿科学及工业领域的高质量发展提供有力支撑。

2.《广州生物医药产业创新发展报告（2023）》发布

南方+报道，2024年3月28日，广州生产力促进中心（广州创新战略研究院）完成的《广州生物医药产业创新发展报告（2023）》发布称，广州积极培育生物医药产业，现有各类生物医药企业6400多家，总数保持全国第三；高新技术企业1000多家，上市企业达到47家，总市值超过3000亿元，位居全国第四。医药制造业增长速度列全国前茅，但总体产业规模与北京、上海、深圳、杭州、苏州相比还有一定差距。在穗粤港澳联合实验室已达10家，其中4家是生物医药领域，13个实验室被认定为国家药监局重点实验室。

3. 全球首个"空中的士"集齐"三证"

《南方日报》讯，2024年4月7日，中国民航局正式向广州亿航智能技术有限公司颁发EH216-S无人驾驶载人航空器系统生产许可证，这是全球eVTOL（垂直起降飞行器）行业内首张生产许可证，标志着亿航智能率先迈入规模化生产阶段，为商业化运营提供保障。短短半年，亿航EH216-S在适航审定方面取得了3个"全球首张"：2023年10月，民航局颁发了全球首张载人无人驾驶航空器型号合格证；2023年12月，民航中南局颁发了全球首张载人无人驾驶航空器标准适航证；2024年4月，民航中南局颁发了全球首张载人无人驾驶航空器生产许可证。广东在低空经济赛道抢先发力，并提出支持深圳、广州、珠海建设通用航空产业综合示范区，打造大湾区低空经济产业高地。2024年4月1日，赛迪顾问发布《中国低空经济发展研究报告》，2023年中国低空经济规模达到5059.5亿元，增速达33.8%，乐观预计到2026年规模有望突破万亿元。

4. 广东绿电市场主体数量逾600家

据中国新闻网，第134届中国进出口商品交易会绿色电力合作签约仪式在2023年10月17日举行。广交会首次实现100%绿电供应。截至目前，广东参与绿电市场的主体数量累计达600余家，包括广汽集团、巴斯夫、湛江钢铁等知名企业，参与认购绿电绿证的消费氛围日趋浓厚。本届广交会使用的每一度绿电都可以溯源，广州电力交易中心依托区块链技术实现数据上链和可信存证，让广交会场馆绿电供应有迹可溯、有数可查、有据可证。广东电网能源投资公司人士表示："本届广交会100%实现绿电供应，折合减排二氧化碳约7655吨，相当于多种了近80万棵树。"广东电力交易中心人士表示："我们发挥电力交易的平台作用，通过市场手段鼓励家电、家具、服装等传统产业参与绿电交易，提升绿电消费水平，拓宽低碳减排路径。"广东电网已初步建立了绿电运营机制。截至2023年10月，广东电网已服务171家出口企业，获得绿证144.7万张，解决17.6亿千瓦时的绿证需求。

5. 广汽集团开展科技合作做好"新势力"

《羊城晚报》2024年5月4日报道，2024北京车展期间，广汽集团发布了和华为、腾讯、滴滴、科大讯飞等智能生态伙伴合作的海报。广汽认为，技术的发展是逐步的，需要沿途"下蛋"，即逐步将成熟技术应用于产品中，最终实现完全无人驾驶汽车的批量生产和销售。此外，广汽也注重与优秀企业和合作伙伴的合作，采纳其先进技术，以满足消费者需求。但长期看来，拥有自主核心竞争力是关键，合作不应放弃自主研发。如与科大讯飞等企业的合资合作，合资公司星河智联带来的智能座舱等产品展现出巨大潜力。广汽自动驾驶有两条技术路线：多传感融合和纯视觉的方案。经济的车型可能搭载一些车道保持级的功能，高阶车型上的是全套的智驾方案。

6. 广州打造大学城低空经济应用示范岛

据《羊城晚报》报道，2024年4月18日，广州大学城低空经济应用示范岛发布活动在广州市番禺区举行。活动中，广州市番禺区政府与小鹏汇天签订《共同推动飞行汽车应用示范框架协议》，联合发布飞行汽车应用场景探索清单，并宣布启动飞行汽车基础设施建设，在广州大学城首批规划建设4个飞行汽车起降点，将广州大学城打造成全国首个低空经济应用示范岛。

7. 国内首个L4级自动驾驶货运车无人路测在广州开启

界面新闻报道，2024年5月22日，文远知行宣布，获得广州市颁布的远程测试（无人）牌照和载货测试牌照，旗下自动驾驶货运车Robovan获准在广州市开展自动驾驶城市货运车"纯无人测试"及"载货测试"。这是中国首个城市开放道路场景下L4级自动驾驶货运车纯无人远程测试许可，也是中国首个支持7×24全天时的自动驾驶货运车载货测试活动。广州市智能网联汽车示范区运营中心数据显示，截至2023年年底，广州已完成460套路侧设备、897套感知设备、343台计算单元，改造红绿灯96个，完成支持10400台PC5通信和北斗定位车载终端安装，完成120个车联网应用场景设计开发。

8.《广州市低空经济发展实施方案》发布

广州市政府网站2024年5月31日消息，广州市印发的《广州市低空经济发展实施方案》提出一系列发展目标：到2027年，广州低空经济整体规模达到1500亿元左右。通航基础设施和飞行环境明显改善，以高端智能制造业为主导的产业体系初步形成，低空空域管理改革取得成效，低空飞行服务保障能力明显提升，低空领域技术创新水平全国领先。智能航空器销售方面，向全球生产销售"广州造"的首台飞行汽车，推动关联的载人航空器、飞行汽车、货运无人机、消费无人机、传统直升机等航空器制造业实现产值规模超1100亿元。城市先进空中交通商业运营方面，推动广州成为国内首个载人飞行商业化运营城市，低空经济跨境飞行、商务定制、短途客运、文旅消费、物流运输、应急医疗、会展服务等关键运营服务领域的市场规模达到300亿元。建成广州第一个跑道型通用机场，新建5个以上枢纽型垂直起降场、100个以上常态化使用起降点、数百个社区网格起降点。

9.《广州市综合立体交通网规划（2023—2035年）》提出预留高速磁悬浮通道

广州发布2024年5月24日讯，根据广州市政府办公厅印发的《广州市综合立体交通网规划（2023—2035年）》，广州正超前谋划与其他超大城市间的高速磁悬浮通道布局及实验线建设，预留京港澳高速磁悬浮、沪（深）广高速磁悬浮两条通道。京港澳和沪（深）广高速磁悬浮，连接的将是中国最核心的京津冀、长三角、粤港澳大湾区三大城市群。《新京报》称，磁悬浮列车时速可达600公里，是当今世界最先进的轨道交通技术。届时，沪广两市相距约1600公里，3小时以内即可通达；广州至北京约2000公里，如果乘坐京港澳高速磁悬浮，京广两地交往时间也仅需约3.3小时，比高铁要节省超一半的时间。目前，中国商业运营的高速磁悬浮仅有2006年开通的上海磁悬浮列车示范运营线。

10. 广州引进一家全球前十的"超级大厂"

广州发布2024年7月2日消息，广州市政府与中国国新控股有限责任公司战略合作协议签署暨孚能科技广州基地试投产下线活动在黄埔区举行。孚能科技广州项目动力电池年产量30吉瓦时，将为粤港澳大湾区整车企业提供高质量动力电池解决方案，加快广州实现汽车产业链强链补链战略目标。全球排名前十的动力电池上市公司孚能科技广州"超级工厂"将凭借"全能产品+超级工厂"优势，以百亿基金为"桥梁纽带"，助力广州形成千亿级动力电池、万亿级新能源汽车产业集群。孚能科技广州项目作为生产30吉瓦时动力电池的生产基地，将围绕广州基地建设"4小时覆盖全市，8小时触及全省"的服务体系，为珠三角地区的整车企业提供更高质量且具备高竞争优势的动力电池解决方案，并为广州的整车企业、电动飞行器科创企业等提供"当日达"的交付服务，实现广州市汽车产业链强链补链战略目标，为广州迈向"智车之城"贡献力量。

11. 广州健康院：绘制人类细胞谱系"航海图"

《21世纪经济报道》2024年1月17日消息，人类细胞谱系大科学装置是广州市两大国家重大科技基础设施之一，已被纳入国家"十四五"专项规划，人类细胞谱系大科学装置有望成为探索人类生命的"导航员"，汇集人体细胞多组学海量数据，为人们绘制人类谱系单细胞精度的"航海图"。人类细胞谱系大科学装置项目建成后，人们可以对生命的最基本单元细胞进行解析，明确每一颗细胞从诞生、成长，到病变、死亡等命运变化的底层逻辑。这一重大科技基础设施将汇集人体细胞的海量数据，而这些数据将被用于生物医药、生命科学等多个领域，多项研究成果将由此诞生。细胞谱系研究和细胞谱系大科学装置的建造是目前科学前沿领域的制高点、各国科学界争夺的高地。作为粤港澳大湾区生命科学领域首个获批立项建设的国家重大科技基础设施，人类细胞谱系大科学装置正在加快建设中。作为全国三大医疗中心之一，目前广州汇聚了6400余家各类生物医药企业，位居全国第三。人类细胞谱系重大科技基础设施是广州打造"2+2+N"科技创新平台体系的缩影。所谓"2+2+N"，指的是以广州实验室和粤港澳大湾区国家技术创新中心两大国家级最高科研力量为引领，以两个国家重大科技基础设施为骨干，以国际大科学计划、国家新型显示技术创新中心、4家省实验室与一批高水平新型研发机构为基础，培育广州生物医药独特竞争力。

12. 小马智行推进自动驾驶出租车大规模商业运营

广州南沙发布2024年8月1日讯，7月31日，南沙自动驾驶"独角兽"企业小马智行与全球领先的多模式交通运营商康福德高集团（ComfortDelGro Corporation）在广东—新加坡合作理事会第十四次会议上签署合作备忘录，双方宣布建立战略合作伙伴关系，以共同推动自动驾驶出租车的大规模商业运营。截至发稿时，小马智行在中国已获批在北京、上海、广州、深圳开展自动驾驶出行服务。康福德高集团在全球拥有超过2.9万台出租车的营运网络，具备丰富的营运经验和强大的车队管理能力。小马智行和康福德高集团的合作达成标志着在自动驾驶大规模落地进程中，全球出行业态在合作模式上取得重要创新。小马智行已在韩国、卢森堡、沙特、阿联酋等地开展自动驾驶技术落地合作。目前小马智行自动驾驶出租车的打车方法共有3种：1）小马智行自有出行平台——"小马智行"App。在手机应用商店即可下载。2）广州和深圳的用户可以通过"如祺出行"App呼叫小马智行的无人驾驶车。上海的用户可以通过"锦江荟"App打到小马智行的无人驾驶车。3）支付宝"小马智行"小程序。

13. 中科宇航成功发射"微纳星空"泰景系列卫星

《科技日报》2024年1月23日报道，中科宇航力箭一号遥三运载火箭·欢乐春节号在酒泉卫星发射中心成功发射，采用"一箭五星"的方式，顺利将"微纳星空"研制泰景一号03星、泰景二号02星、泰景二号04星（默孚龙号）、泰景三号02星、泰景四号03星送入预定轨道，发射任务取得圆满成功。该批卫星主要用于科学研究、空间探测、环保普查等领域。力箭一号运载火箭目前已连续3次发射取得圆满成功，共将37颗卫星精准送入预定轨道，发射成功率100%。该型火箭适用于中小卫星中低轨道快速组网发射，500公里太阳同步轨道运载能力达1.5吨，是目前我国商业运载火箭发射市场上具有核心竞争力的中型固体运载火箭，也是我国商业航天主力火箭之一，可有效满足中低轨道商业发射市场需求，同时具备市场需求多样化的快速响应能力。此次"一箭五星"任务是"微纳星空"2023年第三批研制出厂的卫星，2024年度第一次成功进行卫星研制发射，连续成功标志着公司在商业卫星制造的技术状态成熟性和可靠性方面不断提升。中科宇航通过位于广州南沙的火箭制造基地，以力箭系列运载火箭为核心产品，实现批量化生产和精益化管理，大幅提升装配效率，有效缩短发射周期，瞄准低成本航班化推动我国商业运载火箭发射进入新时代。

14. 广州持续推进建筑产业全面转型升级

据广州市住房和城乡建设局消息，广州市住建局于2023年末至2024年初陆续发布《广州市智能建造技术清单（1.0版）》《基于城市信息模型的智慧城市基础设施建设和运营技术指引（试行）》等多项通知，并提出以发展"像造汽车一样造房子"形式的装配式建筑为抓手，依托政策体系和标准体系，贯穿规划和设计、生产和施工、使用和维护环节，从全生命周期维度实现建筑业"高效益、高质量、低消耗、低排放"目标，引领前沿技术发展新方向，拓宽建筑工业化应用场景，推进产业规模化、集成化发展，持续推进以新型建筑工业化带动建筑业全面转型升级。

三 科技规划与布局

1. 广州"科技力"创造多个全国第一

《南方都市报》2024年3月3日报道，广州"新春第一会"喊出了"大干十二年，再造新广州"的响亮口号。GDP突破3万亿元只是新起点，广州有更高追求，到2035年经济总量翻一番，并以新质生产力支撑高质量发展。《2023全球独角兽榜》显示，广州是过去一年独角兽数量增长最快的中国城市；是全国唯一研发投入强度连续8年稳定增长的一线城市；高新技术企业当年拟认定数量首次突破5000家，总量突破1.3万家，科技型中小企业增量居全国第一。广州正在构筑一条创新链与产业链不断交织之路。近年，广州着力构建"2+2+N"科技创新平台体系，成为全国唯一一个聚集国家实验室、综合类国家技术创新中心、国家重大科技基础设施、国际大科学计划等国家级重大平台的城市。这一系列科技创新平台体系，不仅与广州重点发展的新兴产业和未来产业紧密结合，还巩固了广州在全国乃至全球科技创新版图中的一线城市地位。

2. 广州包揽2022年度省科学技术奖之突出贡献奖和特等奖

《广州日报》2023年9月23日报道，在2022年度广东省科学技术奖榜单中，广州取得丰硕成果：各类奖项数量领跑全省，获得一等奖奖项大幅增加，更是在全省各市中首次实现包揽突出贡献奖和特等奖，并首次实现由企业夺得特等奖。2项突出贡献奖，由2名在穗院士包揽，分别是华南农业大学罗锡文院士、南方医科大学高天明院士；科技进步奖2项特等奖，由在穗机构领衔项目独揽，分别为中山大学领衔的"国产超级计算多模式应用支撑平台"和广东长隆集团有限公司独自完成的"世界珍稀野生动物种质资源保护关键技术与应用"；自然科学奖8项一等奖，有7项由在穗机构领衔项目获得；技术发明奖7项一等奖，有5项由在穗机构领衔项目获得。此次广州在获奖数量上喜获"丰收"：共斩获143项，占全省65%。广州获奖项目有3个特点：原始创新成果占比高，前瞻性、引领性突出；契合战略性新兴产业方向，创新链产业链彼此融合、共同演进；产学研协同挑大梁，"龙头"领衔模式渐显。

3. 广州推行科研经费"负面清单+包干制"

《新快报》2024年6月1日消息，广州市科学技术局和广州市财政局联合发布了《关于进一步完善广州市科技计划项目经费"负面清单+包干制"工作方案》，旨在深化科研领域的"放管服"改革，赋予科研单位和科研人员更大的经费自主支配权，提升科研经费使用效益。"包干制+负面清单"管理模式取消了传统的预算编制要求，允许科研人员在项目经费总预算额度内，根据项目实施的实际需要自主决定经费支出，同时明确列出了禁止行为的"负面清单"，确保经费使用的合规性。广州是最早开始探索推进科研经费"包干制"的城市之一，2020年发布了试点方案，相继将"基础与应用基础研究""农村科技特派员"等专题纳入试点。截至发稿时，广州纳入"包干制"的项目经费已经超5.3亿元。本轮方案在前期试点工作的基础上，进一步放宽了纳入"包干制"的项目范围，人才类、基础研究类、软科学研究类等100万元（不含）以下的一般项目，均可实行项目经费"负面清单＋包干制"。

4. 广州白云湖数字科技城建设提速

《广州日报》2024年4月2日报道，作为白云区"一园两城三都四区"重大平台之一，2024年以来，白云湖数字科技城依托清华力合科创、中关村信息谷等国内一流科创平台，推进制造业数字化转型，推进智慧能源、人工智能等产业发展，打造广州最佳数字科创平台。已累计完成重点招商引资项目落地26宗，总用地面积约942亩，总投资额约260亿元，预计达产年营收约680亿元、年税收约35亿元。

5. 2023年创交会在广州举办

2023年11月，创交会在广州举办，展会聚焦专业化、市场化、国际化、科普化"四化"提升，牵引科学家、企业家、创投家"三家"汇聚，推动创新链、产业链、资金链、人才链"四链"深度融合，3天促成交易金额20.44亿元，同比增长135.8%，实现了

"五个历届之最"，即展览规模最大、参展单位最多、展示项目最多、配套活动最全、推动落地金额最多。创交会办公室与大湾区科技创新产业投资基金等9家机构签订战略合作框架协议，共同组成1298亿元的创交会成果转化战略合作基金群，挖掘创交会历年优秀项目资源，助推各类创新创业成果产业化。建立96家创交会成果转化基地，常态化开展需求征集、项目对接、推介路演等活动每年不少于100场，多措并举促进创新创业成果交易与转化。依托基金群和成果转化基地，2023年全年共促成成果转化金额188.24亿元。

6. 2023年广州市全国科普日启动

2023年9月16日，广州市全国科普日主会场活动暨第六届科普嘉年华在广东省科学院琶洲科普小镇举行，正式拉开2023年广州市全国科普日活动的序幕。活动以"提升全民科学素质，助力科技自立自强"为主题，分设主会场活动、全市科普日系列活动和"云上科普日"活动，主会场共设180多个科普展位，分六大主题展示区域，围绕"四个面向"，以现场展示与互动体验形式相结合，向市民多角度展示广州市的科普资源、科技成果和科研能力，全市逾200万人参与。

粤港澳大湾区科技突破与合作

第四篇

一　大湾区走在科技创新前列

1. 华南首例全球最小人工心脏小切口不停跳植入

据金羊网消息，2023年10月6日，59岁的清远市民潘女士到当地医院复查，她的身体各项指标恢复良好，让一直牵挂她的广州医生们都松了口气。一个多月前，潘女士在广东省人民医院植入了目前全球最小最轻的全磁悬浮人工心脏，她也成为华南地区首例以不正中开胸、小切口的方式植入人工心脏的患者。尤其值得关注的是，这次手术是在"心脏不停跳"的情况下进行。目前我国约有1500万名心力衰竭患者，其中有100万名像潘女士这样的终末期心衰患者，心脏移植是挽救他们生命的唯一有效治疗手段。然而，心脏移植供体每年仅有700～800例，无异于杯水车薪。自然心脏移植远不能满足患者的需要，人工心脏的出现给不少终末期心衰患者带来了生命的希望。人工心脏有"医疗器械皇冠上的宝石"之称。本次植入潘女士体内的人工心脏是深圳核心医疗科技股份有限公司自主研发的国产人工心脏，属于"第三代全磁悬浮人工心脏"，为目前世界上最先进的人工心脏。

2. 东莞启动"超级显微镜"二期工程

中国网讯，2024年3月30日，中国科学院高能物理研究所在东莞举行国家重大科技基础设施中国散裂中子源二期工程启动会。被誉为探索物质材料微观结构的"超级显微镜"中国散裂中子源建设升级。二期工程建成后，装置研究能力将大幅提升，实验精度和效率将显著提高，能够为探索科学前沿，解决国家重大需求和产业发展中的关键科学问题提供科技利器。作为粤港澳大湾区首个国家重大科技基础设施，中国散裂中子源为粤港澳大湾区建设综合性国家科学中心、打造国际科技创新中心提供了重要科技内核。

3. "空中的士"可媲美专车价格

《羊城晚报》2024年2月28日报道，峰飞航空科技自主研发制造的"盛世龙"5座复合翼eVTOL载人航空器计划于2026年取得适航证后投入商业化运营，在规模化运营后，从深圳到珠海的价格或将低至约300元，只需20分钟。eVTOL电动垂直起降航空器被喻为"空中的士"，安静环保、价格亲民是其明显优势。未来低空飞行或成为常态，市民可通过"空中的士"App、小程序、PC网页等端口，获取由平台智能匹配的最佳出行方案，实现一键式预约以直升机或eVTOL（电动垂直起降载客飞行器）为载体的各类低空飞行服务。

4. 亚洲第一深水导管架"海基二号"在海上安装就位

新华社2024年3月26日电，由中国海油自主设计建造的亚洲第一深水导管架"海基二号"在珠江口盆地海域滑移下水并精准就位，刷新了作业水深、高度、重量等多项亚洲纪录，标志着我国深水超大型导管架成套关键技术和安装能力达到世界一流水平。"海基二号"导管架总高338.5米，是亚洲高度最高、重量最大的导管架，安装地点位于距深圳东南约240公里的流花油田海域，应用水深约324米，是国内首次在超过300米水深的海域安装固定式导管架。"海基二号"完成海上安装后将应用于我国第一个深水油田——流花11-1/4-1油田，推动亿吨级老油田焕发新生机。

5. 广东"小巨人"企业超1500家跃居全国第一

《南方都市报》2023年9月21日报道，自2019年以来，全国已有五批专精特新"小巨人"企业。截至2023年9月，广东省累计培育创新型中小企业超4万家，专精特新中小企业超1.8万家。7月14日，工业和信息化部公示了全国第五批专精特新"小巨人"企业认定名单，广东省658家企业入选，入围数量再创历史新高，占全国17.9%，累计培育超1500家，数量从全国第二跃居全国第一。省工信厅强化财税、金融、创新、人才、用地、用能等政策协同，聚焦专精特新企业难点问题，分层分类精准培育企业，建立从"小升规"、创新型中小企业、专精特新中小企业到专精特新"小巨人"企业的优质中小企业梯度培育体系。同时，加强财政支持和融资扶持。财政方面，针对专精特新企业的不同发展阶段，分层级设置财政奖补专题。融资方面，一是积极争取中央财政对我省重点"小巨人"企业进行奖补；二是省财政对2022—2023年新认定的专精特新"小巨人"企业进行奖励，珠三角地区给予每家企业100万元的奖励，粤东粤西粤北给予每家企业120万元的奖励；三是省财政对专精特新中小企业进行贷款贴息补助，部分地市配套给予奖励支持。

6. 粤港澳大湾区科创协同发展连续4年位居全球第二

新华社2023年11月11日电，世界知识产权组织近期发布的2023年版全球创新指数（GII）"科技集群"排名显示，深圳—香港—广州集群位列第二，这也是该科技集群连续4年排名高居全球第二位。广州在"自然指数—科研城市"全球排名跃升至第十位，深圳全社会研发投入的94%来自企业，香港公布《香港创新科技发展蓝图》，首颗内地与澳门合作研制的空间科学卫星"澳门科学一号"成功发射，等等。粤港澳大湾区正深入实施创新驱动发展战略，深化粤港澳创新合作，构建开放型融合发展的区域协同创新共同体。这里距离香港城市大学仅三四十分钟路程，河套深港科技创新合作区深圳园区吸引了西门子能源创新中心等研发机构入驻，晶泰科技、元戎启行等新兴企业批量落户，深圳国际量子研究院等持续迸发创新能量。河套深圳园区实质推进和已落地高端科研项目逾150个，包括24个院校项目、90个高科技机构企业等。河套合作区是粤港澳大湾区科技创新能力持续提升的缩影。随着一系列平台载体的建设，以合作创新为重要抓手，粤港澳大湾区推动国际科技创新中心建设迈出坚实步伐。

7. 南科大校长薛其坤成为70年来首位中国籍巴克利奖获得者

据凤凰网等报道，2023年10月24日，美国物理学会（American Physical Society）宣布南方科技大学校长、清华大学教授、中国科学院院士薛其坤获得2024年的巴克利奖（2024 Oliver E. Buckley Condensed Matter Physics Prize），这是该奖自1953年授奖以来首次颁发给中国籍物理学家。巴克利奖被公认为国际凝聚态物理领域的最高奖。薛其坤和美国哈佛大学教授Ashvin Vishwanath共同凭借"对具有拓扑能带结构的材料的集体电子性质的开创性理论和实验研究"获奖。2009年起，薛其坤联合来自清华大学物理系、中国科学院物理研究所、美国斯坦福大学的多个研究组，组成攻关团队，一起从拓扑绝缘体研究方向尝试攀登这座科学高峰。

工作。3家试点单位建立了本单位的职务科技成果管理制度，完善了工作流程、决策机制和转化收益分配机制。3家试点单位共完成716项成果的转移转化，转化合同金额6.63亿元；其中成果赋权220项，赋权成果完成转化215项，协议金额2.44亿元；赋权转化完成项目数量占总成果转化项目的比例为30%。广东省科技厅牵头研究起草《广东省深化职务科技成果管理改革实施方案（2024—2027年）》，已由省委办公厅、省政府办公厅印发实施。

12. 广东省公布《广东省推动低空经济高质量发展行动方案（2024—2026年）》

据《南方日报》消息，2024年5月23日发布的《广东省推动低空经济高质量发展行动方案（2024—2026年）》提出8项共29条具体措施。到2026年，低空管理机制运转顺畅、基础设施基本完备、应用场景加快拓展、创新能力国际领先、产业规模不断突破，推动形成低空制造和服务融合、应用和产业互促的发展格局，打造世界领先的低空经济产业高地。到2026年低空经济规模超过3000亿元，基本形成广州、深圳、珠海三核联动、多点支撑、成片发展的低空经济产业格局，培育一批龙头企业和专精特新企业。同时，鼓励现有和新建的住宅、商业楼宇建设低空基础设施。另外，7月5日，广州发布《广州市推动低空经济高质量发展若干措施》、规模100亿元的广州市低空经济产业基金、广州市低空基础设施体系建设方案等。

13. 广东腐蚀科学与技术创新研究院攻坚"卡脖子"技术

据广东腐蚀科学与技术创新研究院消息，2024年3月9日，该院迎来建院4周年。该院现有中国工程院院士3名，杰出青年2名，长江特聘教授1名，万人领军人才3名，新世纪百千万人才工程国家级人选3名。4年来，防腐院组建直接面向基础设施、海洋、核能、交通运输、油气、新能源等工业制造领域与应用的十大研发中心，累计取得高性能涂料、新材料与应用技术、材料表面性能优化、安全与评价等重大成果39项，促进关键技术突破及产品革新，加快形成新质生产力。其中，饮用水管道纳米功能粉末涂料在百年设计寿命的珠三角水资源配置工程得到示范性应用，踏上重防腐涂料高质量"国产化替代"征程。颠覆性原创技术"高安全长寿命接地系统"成功应用于南方电网，将有望为国内千亿级别接地产业更新换代节约数百亿元的同时确保接地无忧。成功开发出具有超强防污性能、超长停航时间、环境友好型的高性能海洋防污减阻涂料体系并在科考船上成功测试。水下固化纳米修复防腐涂料成功应用于南澳海上风电桩，为将国计民生工程打造成"中国制造、中国创造、中国建造"品牌工程提供坚实技术支撑。4.5微米高性能锂电铜箔中试线成功试生产，打通新技术从实验室走向应用的关键一环，为战略性产业发展注入"源动力"。

14. 广东发布《关于构建数据基础制度推进数据要素市场高质量发展的实施意见》

据南方网消息，2024年6月，广东省委、省政府印发《关于构建数据基础制度推进数据要素市场高质量发展的实施意见》，指出要构建新型智慧城乡治理模式。持续深化省域治理"一网统管"建设，依托"粤治慧"平台数据服务能力，整合"粤经济""百县千镇万村高质量发展工程"信息综合平台等应用专题数据资源，开展应用场景建设，深化"粤执法"平台建设应用。建立健全数据采集共享机制，实行"一数一源一标准"，建设"块数据"应用，赋能基层治理。大力提高智慧城市发展水平，促进城市智能化精细化网格化管理。

三 引领科技创新的样板企业

1. 华为的"AI一体机"产品挑战大型科技公司的云增长战略

新浪网2023年11月16日消息，在世界人工智能大会期间，云从科技联合华为发布从容大模型训推一体机。据介绍，训推一体机芯片较为高端，包括910B等新型芯片。在推理方面，目前使用的是310芯片，这是一种适用于推理任务的芯片。另外，一体机的核心价值在于解决客户在使用大模型时可能遇到的技术挑战。另据FT中文网2024年5月19日报道，华为已与十几家AI初创公司签约，将其大型语言模型与华为的AI处理器和其他硬件捆绑销售，其合作伙伴包括北京的智谱AI（Zhipu AI）和语言专家科大讯飞（iFlytek）。"AI一体机"产品可以在企业自己的场所运行，这对阿里巴巴、百度和腾讯等中国大型科技公司提供的AI云计算服务构成了挑战。

2. 华为和小米手机大部分都是比亚迪生产

手机中国2024年4月28日消息，在2024中关村论坛年会上，比亚迪储能及新型电池事业部副总经理王皓宇向与会者揭示了比亚迪在智能手机制造领域的深厚实力。目前市场上热销的智能手机，包括华为、小米等品牌，其大部分生产工作均由比亚迪完成。此外，苹果公司的平板电脑、手机以及众多电子元器件也均有比亚迪生产的身影。比亚迪不仅是目前中国最大的电子代工厂，还是全球电子产业链上的重要一环。这一板块为比亚迪带来了可观的营收，一年创造的营收额达到了约1500亿元。这改变了人们对比亚迪仅在新能源汽车领域领先的认知。

3. 华为创下5.4Gbps业界最高纪录

快科技2024年3月22日消息，浙江移动杭州分公司与华为合作，成功实现了在浙江杭州的商用手机下行速率达到5.4Gbps，创下业界最高纪录，接近理论极限。这次的突破得益于多载波聚合技术的应用，通过叠加不同频段的载波，极大地提升了数据传输速率并降低了时延。另外，通话业务也在向着高清可视、智能和可交互的全新体验迅速发展。新业务中的点亮屏幕、通话字幕／智能翻译以及趣味通话等，对网络的上下行带宽以及确定性体验都提出了更高的要求。

4. "纯血鸿蒙"真机界面不可用于原生安卓

金融界2024年4月15日消息，自从华为在2023年发布HarmonyOS NEXT，并宣布鸿蒙原生应用全面启动后，外界就密切关注全新鸿蒙的进展。因为HarmonyOS NEXT和现在手机端的HarmonyOS不同，其底座全线自研，去掉了AOSP代码，仅支持鸿蒙内核和鸿蒙系统的应用，只能使用Hap格式的安装包。因此，被称为"纯血鸿蒙"。2024年1月的鸿蒙生态千帆启航仪式中，华为宣布HarmonyOS NEXT鸿蒙星河版系统开发者预览版开放申请。鸿蒙星河版将实现原生精致、原生应用、原生流畅、原生安全、原生智能、原生互联六大极致原生体验。

5. 大疆创造民用无人机最高海拔运输纪录

新华社2024年6月6日电，深圳市大疆创新科技有限公司在珠穆朗玛峰尼泊尔一侧完成了首次民用无人机高海拔运输测试。这是全球首次民用运载无人机在海拔5300～6000米航线上的往返运输测试，创造了民用无人机最高海拔运输纪录。测试成功后，尼泊尔当地无人机运营公司已于5月22日开启珠峰地区运载无人机的常态化运输项目，主要包括清理珠峰南坡上的残留垃圾。大疆运载机在测试飞行中获取了针对超高海拔地区的宝贵的飞行参数，这将为无人机在高原地区使用奠定更扎实的基础。

三 港澳科技动态

1. 香港"DNA复制起始新机制研究"入选2023年中国科学十大进展

中新网2024年2月29日电，香港科技大学（科大）联同香港大学（港大）与其他研究所领导的"DNA复制起始新机制研究"，入选2023年中国科学十大进展，是唯一入选的香港研究团队。2023年度"中国科学十大进展"由国家自然科学基金委员会主办，由来自中国科学院及中国工程院等数千位专家评选，旨在宣传前沿及创新研究进展，激励更多科研人员进行基础研究，并加深公众对科学的理解及支持，营造良好的国家科学氛围。本次入选的联合研究团队成员包括港大生物科学学院助理教授翟元梁、科大生命科学部助理教授党尚宇与科大高等研究院资深成员戴杨碧瑾教授。团队的研究成果有望被应用于研发新型、高效及更具针对性的抗癌药物，有望可以选择性地杀死癌细胞。

2. 香港科学园深圳分园在河套正式开园

据凤凰网消息，2023年9月7日，在河套深港科技创新合作区，由深港两地政府共同出资建设的内地首个港方运营科创园区——香港科学园深圳分园正式开园，首批16家香港企业机构组团入驻。这是香港科学园在内地设立的首个分园，是内地首个由港方运营、适用国际管理规则的科研空间，是河套合作区内首个享受深港两地联合评审、联合支持独特政策的科创园区，标志着深港科技创新合作迈入新阶段。

3. "澳门研发+横琴转化"渐入常态

新华社2023年11月11日电，珠海澳大科技研究院是澳门大学在大湾区设立的首个产学研示范基地。截至2023年10月，这家研究院累计获得超过150项政府科技资助项目，开展联合研发、委托研究等商业项目超过100项，项目总金额超2亿元。同时，珠海澳大科技研究院积极探索创新合作模式，携手知名企业共建10余个联合实验室，共同推进科研成果从实验室走向生产线。"中国—葡语系国家科技交流合作中心"实体场地10月12日正式启用。

4. 澳门科技大学发布《中国健康产业视听传播研究报告（2024）》

据人民健康报道，2024年4月30日，《中国健康产业视听传播研究报告（2024）》于澳门科技大学发布。该报告聚焦中国健康产业视听传播的主题与内容、路径与形式、效果与热点，全面审视健康产业在视听传播领域的现状、挑战与未来趋势。报告梳理出全民医疗保障、疾控／公共卫生应急、中医药传承创新发展、医疗反腐／廉洁从业、"互联网＋医疗健康"、老年心理关爱、罕见病诊疗服务和儿童卫生服务高质量发展八大亮点。报告指出视听媒介作为传播健康信息的重要手段，对于推进健康中国建设具有重要意义。报告认为，近年来不断涌现优秀的医疗健康题材电影、电视剧、纪录片、短视频、纪实直播、纪实电影等，成为"健康中国"传播的主力军。研究团队通过对2023年以来医疗健康相关议题视听作品的内容分析，提炼出公共卫生、医疗政策改革、医者群像、中医文化传承、疾病科普、医患关系、医疗康养与医疗美容八大健康产业视听传播最受关注主题内容。报告提出中国健康产业视听传播路径与形式呈现出视听转向、媒体融合、技术赋能、即时交互与全民参与的五大趋势特征，并结合数据分析和相关领域专家访谈，深入探讨了2023年健康产业视听传播的效果与影响。澳门近年来积极推动大健康产业的发展，该报告的发布，不仅为澳门的健康产业发展注入了新的动力，还为整个中国的健康产业视听传播研究提供了新的视角和方向。

《广州市领导干部和公务员科学素质读物（2024）》问卷调查表

感谢您对《广州市领导干部和公务员科学素质读物（2024）》（以下简称《读物》）的关注和阅读。为使《读物》更贴近读者，诚邀您提出宝贵意见，并扫二维码填写问卷调查表。

单位名称		本人信息	□局级 □处级 □科级（含以下）	联系方式	
您了解科技知识的主要途径*	□报刊 □书籍 □电视 □广播 □网络 □讲座 □培训 □交流 □互动体验 □科普游 □信函 □其他				
您阅读科技知识的时间*	□上班前 □工作中 □午休 □下班后 □节假日 □其他				
科技知识对您的帮助	□较大 □一般 □不变				
您学习科技知识的目的*	□工作 □生活 □兴趣 □教育 □其他				
《读物》的其他关注人群*	□配偶 □孩子 □父母 □朋友 □其他				
您对科技动态内容的需求	□增加 □不变 □减少				
您希望反馈意见的渠道*	□微信 □短信 □电话 □信函 □QQ □邮件 □其他				
您对《读物》的意见和建议					
承办单位	广州市博士科技创新研究会		邮箱	793481745@qq.com	
联系人	刘苏玲	联系电话	020-33975064	13889909633	
地址	广州市越秀区环市中路316号（金鹰大厦）2915室				

注：*项内容可多选。

问卷调查二维码

广州市科学技术协会
2024年9月